New Wun Ching Developmental Publishing Co., Ltd.

New Age · New Choice · The Best Selected Educational Publications—NEW WCDP

第 **9** 版

NINTH EDITION

數學
MATHEMATICS

張振華・彭賓鈺・徐偉鈞　編著

國家圖書館出版品預行編目資料

數學/張振華, 彭賓鈺, 徐偉鈞編著. -- 九版. -- 新北市：
新文京開發出版股份有限公司, 2023.08
面；　公分

ISBN　978-986-430-949-8（平裝）

1.CST：數學

310　　　　　　　　　　　　　　　　　112012866

數學（第九版）　　　　　　　　（書號：E076e9）

編　著　者	張振華　彭賓鈺　徐偉鈞
出　版　者	新文京開發出版股份有限公司
地　　　址	新北市中和區中山路二段 362 號 9 樓
電　　　話	(02) 2244-8188（代表號）
F　A　X	(02) 2244-8189
郵　　　撥	1958730-2
五　　　版	西元 2007 年 11 月 20 日
六　　　版	西元 2011 年 07 月 31 日
七　　　版	西元 2015 年 07 月 01 日
八　　　版	西元 2019 年 09 月 01 日
九　　　版	西元 2023 年 08 月 20 日

序言
PREFACE

MATHEMATICS

　　本書是特別針對大專院校同學「數學」課程要求而編寫的一本基礎數學教材，期使學生了解數學的基本概念、掌握數學的基本知識需要。

　　本書一共有十二章，內容涵蓋基礎數學各個層面，取材深入淺出。還特別設計了數學小常識，告訴同學數學的神奇奧妙。另外，為了方便教學，在正文中備有較多難易不等的例題，供教師講授。同時在各章末均附有練習題，提供學生結合正文內容及例題獨立演算、練習。

　　此次改版主要是優化隨堂練習及練習題，特別收錄許多貼近日常生活的實用題型，進而提升同學的學習興趣。並在書中增加「隨堂練習」與每章「練習題」簡答的 QR Code，更利於讀者自行檢測學習成果。

　　三位編者雖盡心盡力構思和編寫本書，並使全書內容配合實際課程所需，更經再三審校編輯。若有疏漏舛誤之處，敬祈專家、教授及所有讀者，不吝指教，以便再版時更正，不勝感謝之至。

編著者　謹誌

目錄
CONTENTS

MATHEMATICS

數 系

Chapter
01

1-1 預備知識

基本的加減乘除運算。

1-2 數系介紹

「本校某班同學人數，共計 50 名，今預繳班費，每人 50 元，共計 2500 元，欲購買掃除、粉刷及布置材料等物品，需花費 3525 元；不足 1025 元，總務股長希望每人補繳 $\dfrac{1025}{50}$ 元」。以上是我們生活中常見的例子；我們就利用上式進行分類：

1. **自然數**：50 名同學，50 元，班費 2500 元，花費 3525 元。

2. **整　數**：50 名同學，50 元，班費 2500 元，花費 3525 元，不足 1025 元（－1025 元）。

3. **有理數**：50 名同學，50 元，班費 2500 元，花費 3525 元，不足 1025 元（－1025 元），$\dfrac{1025}{50}$ 元（即 $\dfrac{1025}{50} = 20.5$ ）。

從以上不難發現我們先使用了基本的計數；「自然數」來計算我們的資源，然後使用「整數」來進行評估，最後使用「有理數」來進行分配。

圖 1-1 是各數系的關係圖：

◆ 圖 1-1

1. 自然數

實際可見的用來計算物品個數；例：2 位同學。

2. 整　數

「自然數」、「零」及「負的整數」構成；例：2，0，−2。

3. 有理數

可以表示成「分數」或「有限小數」的；皆屬於有理數。例：

$$0.5 = \frac{1}{2}, \quad 2 = \frac{2}{1}, \quad -2 = \frac{-2}{1}, \quad 0 = \frac{0}{1}。$$

4. 無理數

「不循環無限小數」的形式；在日常生活中看不見的事實，我們常說：「沒道理」。所以我們發現根本沒法表示這些「沒道理」的無限小數，就定義了「無理數」。底下是個實驗的例子，請你（妳）用尺丈量以下的直角三角形的斜邊；如果你（妳）可以量出精確的長度，請務必告訴你（妳）的數學老師，因為這可是個大突破。根據畢氏定理，我們不難發現斜邊長為 $\sqrt{2}$，而 $\sqrt{2}$ 的值可以寫成 1.414⋯，它是不循環無限小數，根本無法用有理數的尺來量測，所以 $\sqrt{2}$ 是無理數。常見的無理數有圓周率 π =3.14159⋯，自然指數 e =2.71828⋯，及開不盡方根如 $\sqrt{2}$。

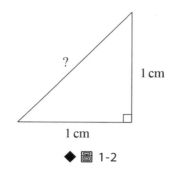

◆ 圖 1-2

例 1

判斷 (1) $\sqrt{10}$ 、(2) $\sqrt{100}$ 以上兩數分別屬於自然數還是無理數？

解

(1) 無理數

(2) 自然數

隨堂練習

判斷 $\dfrac{1}{\sqrt{100}}$ 屬於自然數、整數還是有理數？

5. 「看不見的事實不見得不存在；空氣正是一例」，雖然我們無法用一般的尺規來丈量無理數，但一些幾何學的方法可以證明它是存在的，所以我們的數系就包括了有理數及無理數，這些實實在在存在的數，我們統稱它們為「實數」，以下我們以簡單的樹枝圖來清楚表示數系彼此間的關係及實用或分類層。

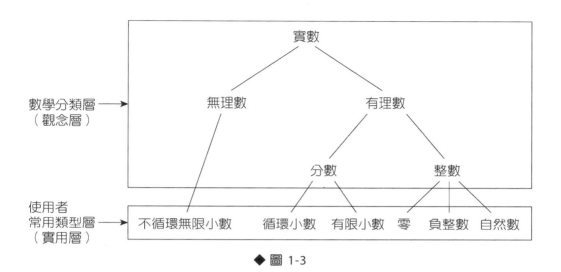

◆ 圖 1-3

1-3 合理的運算

MATHEMATICS

　　實數的四則運算有許多的「律」，例如交換律、結合律、分配律等，在此不另敘述，我們只談 3 種口訣原則：

1. 「等式兩邊」可以同時「加減乘除任何一個實數」。

註 但在「同除」的時候，「零」必須除外。

例題

例 2

$$4 + 4 = 3 + 5$$

同加：$(4 + 4) + 2 = (3 + 5) + 2$

同減：$(4 + 4) - 2 = (3 + 5) - 2$

同乘：$(4 + 4) \times 2 = (3 + 5) \times 2$

同除：$(4 + 4) \div 2 = (3 + 5) \div 2$

隨堂練習 ✎

根據先乘除後加減原則，指出下列運算錯誤之處：

$$4 - 2 \times 4 + 4 \div 2$$

$$= 2 \times 4 + 4 \div 2$$

$$= 8 + 4 \div 2$$

$$= 12 \div 2$$

$$= 6$$

2. 「分式」的分子分母可以同時「乘除任何一個實數」。

註 但在「同除」的時候，「零」必須除外。

例 題

例 3

$$\frac{3}{4} = \frac{3 \times 2}{4 \times 2} = \frac{3 \div 2}{4 \div 2}$$

（同乘）　　（同除）

隨堂練習 ✎

$$\frac{\dfrac{10}{2}}{\dfrac{5}{4}} = ?$$

3. 「不等式」兩邊可以同時「加減乘除」任何一個實數。

註 (1) 但在「同除」的時候,「零」必須除外。

(2) 同乘除負值時,不等式「變號」。

例 4

$4 > 3$

同加:$4 + 2 > 3 + 2$

同減:$4 - 2 > 3 - 2$

同乘:$4 \times 2 > 3 \times 2$,$4 \times (-2) < 3 \times (-2)$

同除:$4 \div 2 > 3 \div 2$,$4 \div (-2) < 3 \div (-2)$

➲ 附註:① 分配律:$(a+b) \times c = a \times c + b \times c$

② 遞移律:$a > b, b > c \Rightarrow a > b > c \Rightarrow a > c$

$a < b, b < c \Rightarrow a < b < c \Rightarrow a < c$

隨堂練習 ✐

若 $a^2 > b^2$,可不可以推得 $a > b$?

例 5

$$-6 + 5 \times [(7 - 10 \div 2) - 1] = ?$$

解

四則運算解題原則為先乘除後加減；先算小括弧，其次中括弧，最後大括弧。

故 $-6 + 5[(7 - 10 \div 2) - 1]$

$\quad = -6 + 5[(7 - 5) - 1]$

$\quad = -6 + 5[2 - 1]$

$\quad = -6 + 5 \times 1$

$\quad = -6 + 5$

$\quad = -1$

隨堂練習 ✏

$$-2 + 5 \times [(7 - 8 \div 2) - 1] + 6 \div 2 = ?$$

1-4　因數、倍數與質數

MATHEMATICS

依照前述合理的算法可知；若 a 和 b 是整數，它們相加，相減，相乘的結果仍為整數，但相除的結果就不一定是整數囉！以下為例：

若 $a=5$，$b=7$，今 $a+b=5+7=12$（整數）

$$a-b=5-7=-2 \text{（整數）}$$

$$a \times b = 5 \times 7 = 35 \text{（整數）}$$

$$\frac{a}{b} = \frac{5}{7}$$

不見得任二數相除會成為分數；若兩數有因數或倍數的關係，它們的相除就會是一個整數。例如：8 和 2，我們知 $8 \div 2 = 4$，所以 8 是 2 的倍數（2 便是 8 的因數），附帶一提的是我們站在整數的立場做討論所以因數或倍數都有正負因數或正負倍數囉！

倍數的判別：

2 的倍數：末位數 0, 2, 4, 6, 8　　　5 的倍數：末位數為 0 或 5

3 的倍數：各位數字和為 3 的倍數　　9 的倍數：各位數字和為 9 的倍數

4 的倍數：末二位數為 4 的倍數　　　8 的倍數：末三位數為 8 的倍數

11 的倍數：奇位數字和與偶位數字和的差為 11 的倍數。

例 題

例 6

判斷 111222 是否為 9 的倍數？

解

$1+1+1+2+2+2=9$ 為 9 的倍數

故 111222 為 9 的倍數

隨堂練習 ✐

判斷 224466 是否為 4 的倍數？

如果一個數的正因數只有 1 和本身，我們稱它為「質數」，例：

$$\frac{4}{1} = 4$$

$$\frac{4}{2} = 2$$

$$\frac{4}{4} = 1$$

可見 4 是 1，2，4 的倍數（換言之，1，2 及 4 是 4 的因數），所以 4 並非質數但

$$\frac{7}{1} = 7$$

$$\frac{7}{7} = 1$$

7 是只有 1 和 7 是它的因數，只有 1 和本身為因數，所以 7 是質數，常見的質數有 2，3，5，7，11，13，17，19，23，29，31 等。

對於一個較大的自然數 a，該如何快速檢驗它是否為一個質數呢？方法是判斷 a 有沒有小於或等於 $\sqrt{a}$ 的質因數，如果沒有，則 a 為質數；如果有，則 a 不為質數。

例題

例 7

判斷 409 是否為質數？

解

(1) $\sqrt{409} = 20.\cdots\cdots$

(2) 小於或等於 20 的質數為 2，3，5，7，11，13，17，19

(3) 409 皆不能被 2，3，5，7，11，13，17，19 整除

(4) 所以 409 為質數

隨堂練習

判斷 301 是否為質數？

1-4-1 質因數分解

由前述可知，任何數都可以分解成因數的乘積，即 $a = bc$，其中 b, c 為 a 的因數。但這種任意的因數分解，並非唯一的，例如：

$$12 = 4 \times 3 = 6 \times 2 = 12 \times 1$$

但若用質數來分解，必定唯一，如：$12 = 2 \times 2 \times 3$，以下我們將介紹利用除法進行質因數分解（祕訣：分母的質數從 2，3，5，7 逐次嘗試是否整除）。

例 8

12 的質因數分解慢動作

$$\frac{12}{2} = 6 \Rightarrow \frac{6}{2} = 3 \Rightarrow \frac{3}{3} = 1$$

（用2整除）　　（用2整除）　　（用2不行，換3整除）

$$\therefore 12 = 2 \times 2 \times 3$$

隨堂練習 ✐

將 96 質因數分解。

例 9

18 的質因數分解慢動作

$$\frac{18}{2} = 9 \Rightarrow \frac{9}{3} = 3 \Rightarrow \frac{3}{3} = 1$$

（用2整除）　　（用2不行，換3整除）　　（用3整除）

$$\therefore 18 = 2 \times 3 \times 3$$

隨堂練習 ✐

將 120 質因數分解。

例題

例 10

144 的質因數分解慢動作

$$\frac{144}{2} = 72 \Rightarrow \frac{72}{2} = 36 \Rightarrow \frac{36}{2} = 18 \Rightarrow \frac{18}{2} = 9 \Rightarrow \frac{9}{3} = 3 \Rightarrow \frac{3}{3} = 1$$

（用2整除）　　　（用2整除）　　　（用2整除）

$$\therefore 144 = 2 \times 2 \times 2 \times 2 \times 3 \times 3$$

隨堂練習

將 486 質因數分解。

例題

例 11

100 的質因數分解慢動作

$$\frac{100}{2} = 50 \Rightarrow \frac{50}{2} = 25 \Rightarrow \qquad \frac{25}{5} = 5 \qquad \Rightarrow \frac{5}{5} = 1$$

（用2整除）　　　（用2整除）　　（用2，用3不行，換5整除）　　（用5整除）

$$\therefore 100 = 2 \times 2 \times 5 \times 5$$

隨堂練習

將 500 質因數分解。

但慢動作有時耗費太多時間來寫這些除式，所以簡化成以下形式：

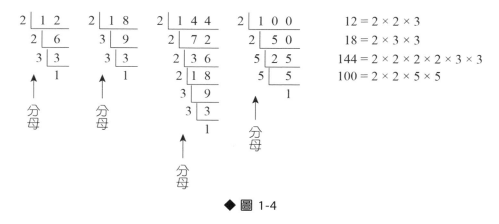

$$12 = 2 \times 2 \times 3$$
$$18 = 2 \times 3 \times 3$$
$$144 = 2 \times 2 \times 2 \times 2 \times 3 \times 3$$
$$100 = 2 \times 2 \times 5 \times 5$$

◆ 圖 1-4

經這些利用質數來分解步驟所產生的結果，就稱為「標準分解式」。

1-4-2　最大公因數及最小公倍數

例題

例 12

$$12 = 2 \times \underline{2 \times 3}$$
$$18 = \underline{2 \times 3} \times 3$$

它們分解式中 2×3 是最大的共同因數，我們就稱 2×3 是最大公因數。

隨堂練習 ✎

求 50 與 125 最大公因數？

例 13

$$12 = \underline{2 \times 2} \times 3$$
$$18 = 2 \times \underline{3 \times 3}$$

從兩分解式中找出每個質因數乘積最大的相乘，就是最小公倍數。

所以最小公倍數為 $2 \times 2 \times 3 \times 3$。

隨堂練習 ✐

求 50 與 125 最小公倍數？

例 14

$$540 = 2 \times \underline{2 \times 3 \times 3} \times 3 \times 5$$
$$504 = 2 \times 2 \times \underline{2 \times 3 \times 3} \times 7$$
$$810 = \underline{2 \times 3 \times 3} \times 3 \times 3 \times 5$$

最大公因數為 $2 \times 3 \times 3$

隨堂練習 ✐

求 60、90 與 150 最大公因數？

例 15

$$504 = \underline{2 \times 2 \times 2} \times 3 \times 3 \times \underline{7}$$
$$540 = 2 \times 2 \times 3 \times 3 \times 3 \times \underline{5}$$
$$810 = 2 \times \underline{3 \times 3 \times 3 \times 3} \times 5$$

我們不難發現：

質數 2 的最長乘積在 3 個數中為 $2 \times 2 \times 2$

質數 3 的最長乘積在 3 個數中為 $3 \times 3 \times 3 \times 3$

質數 5 最長乘積為 5

質數 7 最長乘積為 7

所以最小公倍數為 $2 \times 2 \times 2 \times 3 \times 3 \times 3 \times 3 \times 5 \times 7$

隨堂練習

求 60、90 與 150 最小公倍數？

數學小常識

1. 「因數和（除本身以外）等於本身的數，稱為完全數」，

   如

$$6 = 3 \times 2 \times 1 \text{（因數為 1，2，3）}$$
$$\Rightarrow 1 + 2 + 3 = 6$$
$$28 = 2^2 \times 7 \times 1 \text{（因數為 1，2，4，7，14）}$$
$$\Rightarrow 1 + 2 + 4 + 7 + 14 = 28$$

   聖經中記載上帝在 6 天創造了世界，月球繞地球一周所需時間為 28 天，它們又恰是完全數，不禁要讚嘆奇妙真奇妙。

隨堂練習 & 練習題解答

MEMO

練習題

1. 已知 15 gtt = 1 ml，請問：
   (1) 90 gtt = _____ ml
   (2) 50 ml = _____ gtt

2. 已知 1g＝1000mg，請問：
   (1) 200mg = _____ g
   (2) 0.8g = _____ mg

3. 若有 5% 的葡萄糖靜脈輸液 300 ml，必須 2 小時打完，使用 10 滴／ml 的輸液管，則每分鐘滴數應控制_____滴。

4. 已知 BMI 值＝體重（公斤）除以身高（米）的平方，BMI 正常值為 21~24，如果 BMI 介於 25~29 之間，判斷為「體重過重」，BMI 超過 30 則為「肥胖症」，超過 40 則為「嚴重或病態性肥胖症」，而如果 BMI 在 18~20 之間為「體重過輕」，BMI 少於 16 則為「嚴重營養不良」。今有一人身高 160 公分，體重 50 公斤，試計算其 BMI 值，並評估其身體狀況。

5. 若某一抗生素 0.08g 為成人劑量，依楊氏法則計算，則一位 4 歲的小朋友劑量為_____mg。（1g＝1000mg）

   註 （兒童劑量 ＝ 成人劑量 × $\dfrac{兒童年齡}{兒童年齡+12}$）＝楊氏法則

6. 某公司去年營運負債 300 萬元，今年小賺 2.5 萬元，預期明年可賺 200 萬元，請將上面出現的數字依以下數系分類之：
   (1) 實 數：
   (2) 有理數：
   (3) 整 數：
   (4) 自然數：

7. 已知循環小數可以化為分數：$0.\overline{857142} = \dfrac{857142}{999999} = \dfrac{6}{7}$，請問：

   (1) $0.\overline{857142}$ 是有理數或無理數？

   (2) 將 $0.\overline{72}$ 化成分數

8. (1) 111111 是否為 3 的倍數？

   (2) 222222 是否為 4 的倍數？

   (3) 333333 是否為 11 的倍數？

9. 下列數字哪些是質數？

   (1) 311   (2) 117

10. 設一個七位數，形如 12345AB，能被 15 整除，且 A+B 為 12，求此七位數？

11. 解下列方程式：

   (1) $4x - 5 = 1$ (2) $2x + 3 = 5x + 9$

12. 解下列不等式：

   (1) $-3x - 7 < 5$ (2) $2 + 3x > 7 - 2x$

13. 求下列各數的最大公因數及最小公倍數：

   (1) 36，45

   (2) 100，160，60

14. 我國農曆是以 10 個天干及 12 個地支記年，請說明一甲子為 60 年的原因？

15. (1) $\dfrac{1}{3} - \dfrac{1}{4} + \dfrac{2}{5} = ?$

   (2) $8 \div 2 - [2 - 3(4 \div 2) + 1] = ?$

16. 醫囑中規定，要求病人每 6 小時服用 Meta-Ampicillin 合成青黴素劑，每 8 小時服用 Tetracycline 四環黴素膠囊，病人一開始同時服用兩種藥，再隔多少時間須同時服用兩種藥？

17. 某車站，每 15 分鐘有一班自強號停靠，每 10 分鐘有一班莒光號停靠，每 40 分鐘有一班普悠瑪列車停靠，現在三班車同時靠站，請問接下來每隔多少時間會有自強，莒光及普悠瑪列車同時停靠臺北車站？

18. 甲跑操場一圈要 1 分 15 秒，乙則需要 1 分 30 秒，如果甲、乙同時從同一地點同向起跑，幾分鐘後會在同一個地點相遇？

線性函數

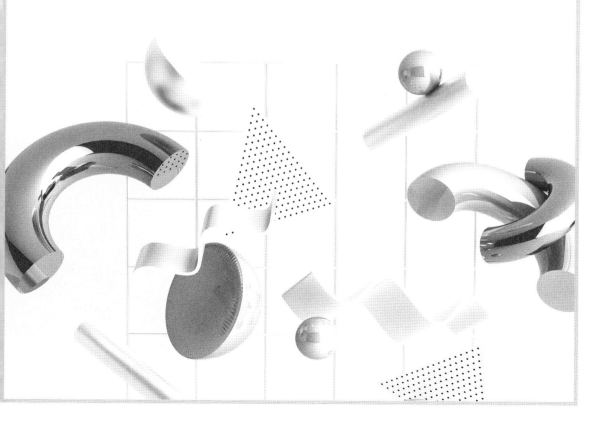

2-1 預備知識

二元一次方程式及解二元一次聯立方程式。

2-1-1 簡　介

「元」指的是變數，「次」指的是變數的最高次方，「方程式」指的是等式。所以一元一次方程式就是一個只有唯一變數，且該變數最高次方只有 1 次的等式。而二元一次方程式就是一個有兩個變數，它們的最高次方都是 1 次的等式。

2-1-2 一元一次方程式

（X 是變數）

例 題

例 1

以下式子皆一元一次方程式

$$\frac{X}{3} = \frac{15}{7}$$

$$X = \frac{1500 \times 15}{8 \times 60}$$

$$X = \frac{2}{3} + 180$$

$$X = 1000^5$$

隨堂練習 ✎

求一元一次方程式 $7+2x=1-x$ 之解？

2-1-3　二元一次方程式

（X, Y 是變數）

例 2

以下式子皆二元一次方程式

$X+Y=18$

$Y=18-X$

$Y=\dfrac{2}{3}X+100$

$Y=\left(\dfrac{2}{3}\right)^{10}X+100^2$

隨堂練習 ✎

判斷下列方程式何者為二元一次方程式？

(1) $100+x=3^2$

(2) $100y+x=3^2$

(3) $100+x=y^2$

(4) $100x+y=3^2$

(5) $100x+y=x^2$

2-1-4 二元一次聯立方程式

（X, Y 是變數，且有兩式同時成立）

例 3

求二元一次聯立方程式解 $\begin{cases} X+Y=1 \\ X-Y=0 \end{cases}$

使用加減消去法解 $\begin{cases} X+Y=1 \cdots\cdots\cdots ① \\ X-Y=0 \cdots\cdots\cdots ② \end{cases}$

①式+②式

得 $2X=1$，$X=\dfrac{1}{2}$ 代入②式

得 $Y=\dfrac{1}{2}$

隨堂練習 ✏️

使用加減消去法解 $\begin{cases} -4x+y=6 \\ 2x+3y=4 \end{cases}$。

2-1-5 解聯立方程式的克拉瑪公式

$$\begin{cases} a_1 X + b_1 Y = c_1 \\ a_2 X + b_2 Y = c_2 \end{cases} \quad 其中 \quad \begin{matrix} a_1, & b_1, & c_1 \\ a_2, & b_2, & c_2 \end{matrix} \quad 已知$$

$$\begin{cases} X = \dfrac{\begin{vmatrix} c_1 & b_1 \\ c_2 & b_2 \end{vmatrix}}{\begin{vmatrix} a_1 & b_1 \\ a_2 & b_2 \end{vmatrix}} \\[6mm] Y = \dfrac{\begin{vmatrix} a_1 & c_1 \\ a_2 & c_2 \end{vmatrix}}{\begin{vmatrix} a_1 & b_1 \\ a_2 & b_2 \end{vmatrix}} \end{cases} \Rightarrow \begin{cases} X = \dfrac{c_1 b_2 - c_2 b_1}{a_1 b_2 - a_2 b_1} \\[6mm] Y = \dfrac{a_1 c_2 - a_2 c_1}{a_1 b_2 - a_2 b_1} \end{cases}$$

例 題

例 4

$$\begin{cases} 2X + 3Y = 1 \\ 4X + 5Y = 6 \end{cases}$$

$$\begin{cases} X = \dfrac{\begin{vmatrix} 1 & 3 \\ 6 & 5 \end{vmatrix}}{\begin{vmatrix} 2 & 3 \\ 4 & 5 \end{vmatrix}} = \dfrac{5 - 18}{10 - 12} = \dfrac{13}{2} \\[8mm] Y = \dfrac{\begin{vmatrix} 2 & 1 \\ 4 & 6 \end{vmatrix}}{\begin{vmatrix} 2 & 3 \\ 4 & 5 \end{vmatrix}} = \dfrac{12 - 4}{10 - 12} = \dfrac{8}{-2} = -4 \end{cases}$$

隨堂練習 ✏

以克拉瑪公式解 $\begin{cases} 3x + y = 1 \\ x + 2y = 5 \end{cases}$ 。

例 5

$\begin{cases} X + Y = 4 \\ X - Y = 2 \end{cases}$

$X = \dfrac{\begin{vmatrix} 4 & 1 \\ 2 & -1 \end{vmatrix}}{\begin{vmatrix} 1 & 1 \\ 1 & -1 \end{vmatrix}} = \dfrac{-4 - 2}{-1 - 1} = 3$

$Y = \dfrac{\begin{vmatrix} 1 & 4 \\ 1 & 2 \end{vmatrix}}{\begin{vmatrix} 1 & 1 \\ 1 & -1 \end{vmatrix}} = \dfrac{2 - 4}{-1 - 1} = 1$

隨堂練習 ✏

以克拉瑪公式解 $\begin{cases} x - 2y = 1 \\ 2x + y = 4 \end{cases}$ 。

2-2 線性函數

　　基本上是一個二元一次方程式，它所探討的是兩個量之間的關係，例如：重量與體積、華氏與攝氏、美金與臺幣等等，不勝枚舉。

　　凡是能化成 $Y = aX + b$ 形式的二元一次方程式，我們都稱為「線性函數」；其中的 a, b 為已知數。

例題

例 6

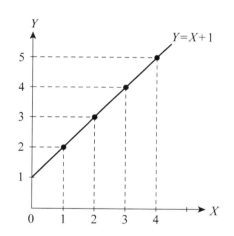

當 $X = 0$ 時，$Y = 1$;

當 $X = 1$ 時，$Y = 2$;

當 $X = 2$ 時，$Y = 3$;

當 $X = 3$ 時，$Y = 4$;

當 $X = 4$ 時，$Y = 5$;……。

根據 X 的變化，可以據實的由線性函數反應在 Y 上。

隨堂練習 ✏️

畫出 $2y = -x + 1$ 圖形。

我們定義 X 是「自變數」，Y 是由 X 的變化應運而生的「應變數」，由於 X 是一次方的變數，所以 Y 的變化是一次方函數的形成，此時我們稱 Y 是「線性函數」。

例 題

例 7

已知楊氏法則為：

$$兒童使用劑量 = 成人劑量 \times \frac{兒童年齡}{12 + 兒童年齡}$$

因此，只要給定成人劑量及兒童年齡即可換算出兒童劑量：

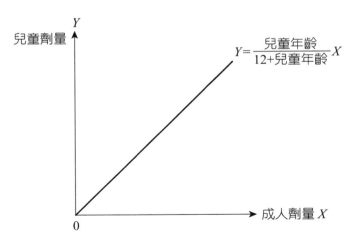

隨堂練習

成人注射某藥物單次劑量為 200mg，根據楊氏法則，一個 8 歲孩童注射該藥物單次劑量為多少 mg？

例題

例 8

已知點係數為 15 gtt/ml；我們可以寫出滴數(gtt)與體積(ml) 的線性函數：

$$滴數(gtt) = 15 \times 體積(ml)$$

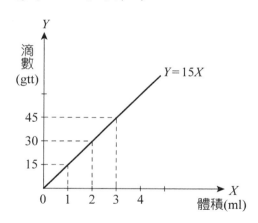

隨堂練習

已知攝氏溫度與華氏溫度關係如下：

$$攝氏 = (華氏-32) \times \frac{5}{9}$$

假設 y 代表攝氏溫度，x 代表華氏溫度，請列出 x, y 對應的方程式，並畫成圖形。

例 9

如果電話的基本費是 100 元，基本秒數為 3600 秒，如果使用電話的時間超過了基本秒數；以秒計費，每秒 1.5 元。

我們如何寫下電話費與使用時間的線性函數呢？

解

步驟 1：

寫下相關數：基本費 100 元，超時收費 1.5 元／秒

步驟 2：

設定變數：自變數 X　（時間）

應變數 Y　（費用）

（因為打電話，時間越久，收費越高）

步驟 3：

費用＝基本費＋超時 ×1.5

$Y = 100 + (X - 3600) \times 1.5$

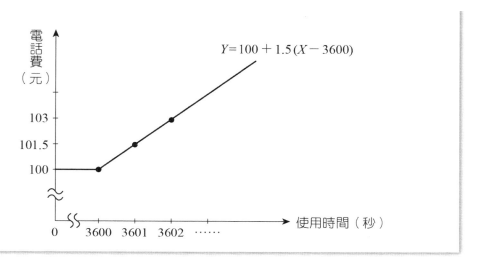

隨堂練習 ✎

根據例 9，通話 100 分鐘，花費多少錢？

例題

例 10

如果有兩家大哥大的民營業者，打出了以下的優惠措施：

	A	B
基本費	100 元	180 元
超時費率	2.0 元／秒	1.5 元／秒
基本秒數	1000 秒	1800 秒

請問 A, B 兩家大哥大，消費者如何選用才可以達到最經濟的目的？

33

解

步驟 1：

寫下相關數據：

A 廠商：基本費 100 元，超時收費 2 元／秒

B 廠商：基本費 180 元，超時收費 1.5 元／秒

步驟 2：

打電話越久，收費越高；設自變數 X 為使用時間，應變數 Y 為費用。

步驟 3：

A 廠商：使用費用＝基本費＋2×超時間秒數

$$Y = 100 + 2(X - 1000)$$

B 廠商：$Y = 180 + 1.5(X - 1800)$

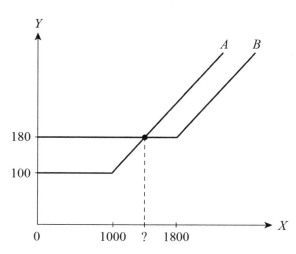

從圖中不難發現，在某段時 A 收費比 B 低廉，但超過了那個「時間點」以後，選用 B 會便宜些，究竟這個時間點為多少呢？

因為 B 廠商基本秒數為 1800 秒，A 廠商的基本秒數為 1000 秒，而時間點介在 1000 與 1800 之間，我們可以得知此時間點的收費，B 廠商為基本費 180 元，A 廠商也是 180 元，但已開始超時收費。所以我們計算 A 廠商的部分：

$$180 = 100 + 2(X - 1000)$$

$$\therefore X = \frac{180 - 100}{2} + 1000$$

$$X = 1040（秒）$$

我們選用的策略是：如果使用時間在 1040 秒以下，我們選用 A 廠商；但若評估使用時間會超過 1040 秒者，請選用 B 廠商。

隨堂練習 ✐

如果有兩家大哥大的民營業者，打出了以下的優惠措施：

	A	**B**
基本費	100 元	150 元
超時費率	2.0 元／秒	1.5 元／秒
基本秒數	1000 秒	1200 秒

請問 A, B 兩家大哥大，消費者如何選用才可以達到最經濟的目的？

例 11

我們知道濃度 75%的酒精才有殺菌的作用，市面上所販售的都是濃度 95%的純酒精，如果想使用蒸餾水來稀釋，我該如何做才能得到 500 c.c.濃度 75%的酒精。

解

已知濃度 $=\dfrac{溶質重}{溶液體積}$

$\Rightarrow$酒精重＝酒精濃度×酒精溶液體積

步驟 1：

寫下相關數據：75%及 95%兩種濃度

步驟 2：

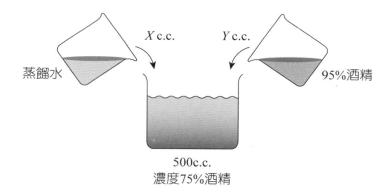

蒸餾水　　　　　X c.c.　　　Y c.c.　　　95%酒精

500c.c.
濃度75%酒精

步驟 3：

$$\begin{cases} X + Y = 500 & （體積混合）\cdots\cdots① \\ 95\% \, Y = 75\% \times 500 & （酒精重量）\cdots\cdots② \end{cases}$$

$$Y = \frac{75\% \times 500}{95\%} \fallingdotseq 395 \text{ c.c.}$$

代入①　$X = 500 - \dfrac{75\% \times 500}{95\%} = 105 \text{ c.c.}$

所以我們使用 105 c.c.的蒸餾水加上 395 c.c.的純酒精，可以調配出 75%的殺菌酒精 500 c.c.。

隨堂練習 ✎

使用 96%的純酒精 50c.c.，加入蒸餾水 150c.c.稀釋，得到濃度多少的酒精？

例 題

例 12

如果在調酒精的過程中，稀釋過度，酒精濃度只剩下 50%；此時當然可以丟掉重製，但豈不可惜了！我們如何再回收這些 50%的酒精重製呢？

解

步驟 1：

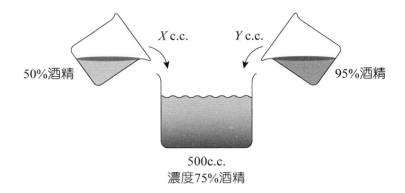

步驟 2：

$X + Y = 500$（體積混合）

$50\%X + 95\%Y = 75\% \times 500$（酒精重量的混合）

步驟 3：

$$X = \frac{\begin{vmatrix} 500 & 1 \\ 375 & 0.95 \end{vmatrix}}{\begin{vmatrix} 1 & 1 \\ 0.5 & 0.95 \end{vmatrix}} = \frac{500 \times 0.95 - 375 \times 1}{0.95 \times 1 - 0.5 \times 1} \fallingdotseq 222$$

$$Y = \frac{\begin{vmatrix} 1 & 500 \\ 0.5 & 375 \end{vmatrix}}{\begin{vmatrix} 1 & 1 \\ 0.5 & 0.95 \end{vmatrix}} = \frac{375 \times 1 - 500 \times 0.5}{0.95 \times 1 - 0.5 \times 1} \fallingdotseq 278$$

所以使用 222 c.c.的 50%酒精，配上 278 c.c.的 95%酒精，便可以重製 75%的酒精 500 c.c.；如此一來，就不致浪費了這些過度稀釋的酒精。

隨堂練習 🖊

使用 100c.c.的 40%酒精，配上 400 c.c.的 95%酒精，可以重製濃度多少的酒精？

數學小常識

1. $2=1$ 的謬誤：

令 $a=b$，則 $a \times a = a \times b$（即 $a^2 = ab$）

兩邊同減 b^2，得 $a^2 - b^2 = ab - b^2$

因式分解 $(a+b)(a-b) = (a-b)b$

兩邊同除 $a-b$，所以 $a+b=b$

因為 $a=b$，則 $2b=b$，得到 $2=1$

看完以上運算，聰明如你（妳）是否發現其中的錯誤呢！

🔍 隨堂練習 & 練習題解答

MEMO

練習題

1. 判斷下列方程式為？元？次方程式：

   (1) $x = y + 2z$ (2) $x = 10^4$ (3) $z^2 - z = 1$

2. 畫出 $-x - y = 3$ 的圖形。

3. 若點 (b, a) 在第二象限，則直線 $\dfrac{x}{a} + \dfrac{y}{b} = 1$ 的圖形不通過第幾象限？

4. $f(x) = x - 1$，$g(x) = 2x$，求：

   (1) $f(1)$ (2) $g(1)$ (3) $f(g(1))$

5. 某函數 $f(x) = 2x + 1$，求 (1) $f(2) = ?$ (2) $f(x + 1) = ?$

6. 解下列方程組：

   (1) $\begin{cases} 2x + 3y = 10 \\ x - y = 6 \end{cases}$ (2) $\begin{cases} 19x + 18y = -19 \\ 20x - 19y = -20 \end{cases}$

7. 如果有過度稀釋的酒精濃度為 40% 100ml，要加 95%酒精幾 ml，方能再製成 75%的可使用酒精？

8. 有一酒精和水的混合液，酒精量比全量的 4/5 少 5 公升，水比全量的 1/2 少 10 公升，求全量多少公升？

9. 雞兔同籠，已知籠內動物合計 28 隻，腳有 80 隻，則雞、兔各幾隻？

10. 父子二人，5 年前父年為子年的 5 倍，5 年後父年為子年的 3 倍，則今年父子各多少歲？

11. 若 $\begin{cases} x + y = 10 \\ ax + by = 16 \end{cases}$ 及 $\begin{cases} x - y = 2 \\ ax - by = 8 \end{cases}$ 有相同的解，則 $a = ? \ b = ?$

MEMO

二次函數

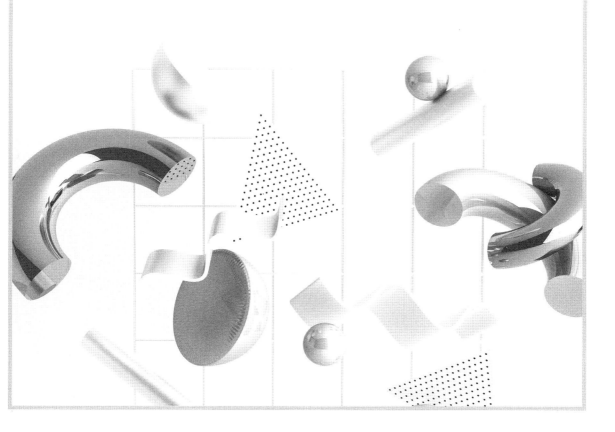

3-1　預備知識

一元二次方程式及解一元二次方程式。

3-2　一元二次方程式

　　凡一等式只有一個變數，且此變數最高次方為二次者，我們稱之為「一元二次方程式」，其一般式寫法如下：

$$ax^2+bx+c=0 \text{（} a, b, c \text{為實數，且 } a \neq 0 \text{）}$$

　　至於其解法有三種，一為因式分解法，二為配方法，三為公式解，現在分別說明如下：

1. 以因式分解法解一元二次方程式。

　　說明：將 $ax^2+bx+c=0 \xrightarrow[\text{化　成}]{\text{利用因式分解}} (kx-\ell)(mx-n)=0$

　　　　　則　$x=\dfrac{\ell}{k}, \quad \dfrac{n}{m}$

例　題

　例 1

　　求下列一元二次方程式的根：

　　(1) $x^2-9=0$

　　(2) $3x^2-5x+2=0$

解

(1) $x^2 - 9 = 0$, $(x+3)(x-3) = 0$, $x = \pm 3$

(2) $3x^2 - 5x + 2 = 0$, $(x-1)(3x-2) = 0$, $x = 1, \dfrac{2}{3}$

隨堂練習 ✐

以因式分解法求 $x^2 + x - 30 = 0$ 的根。

2. 以配方法解一元二次方程式。

說明：將 $ax^2 + bx + c = 0$ $\xrightarrow[\text{化 成}]{\text{利用配方法}}$ $\left(x + \dfrac{b}{2a}\right)^2 = \dfrac{b^2 - 4ac}{4a^2}$

當判別式 $D = b^2 - 4ac \geq 0$ 時，

則 $x = \dfrac{-b \pm \sqrt{b^2 - 4ac}}{2a}$

例 題

例 2

求下列一元二次方程式的根：

(1) $x^2 + 4x - 2 = 0$

(2) $2x^2 - 3x + 1 = 0$

解

(1) $x^2 + 4x - 2 = 0$, $(x+2)^2 - 4 - 2 = 0$, $(x+2)^2 = 6$,
$x + 2 = \pm\sqrt{6}$, $x = -2 \pm \sqrt{6}$

(2) $2x^2 - 3x + 1 = 0$, $\quad x^2 - \dfrac{3}{2}x + \dfrac{1}{2} = 0$, $\quad (x - \dfrac{3}{4})^2 - \dfrac{9}{16} + \dfrac{1}{2} = 0$

$(x - \dfrac{3}{4})^2 = \dfrac{1}{16}$, $\quad x = \dfrac{3}{4} \pm \dfrac{1}{4}$, $\quad x = 1, \dfrac{1}{2}$

隨堂練習 ✏

以配方法求 $x^2 + 2x - 6 = 0$ 的根。

3. 以公式解一元二次方程式。

說明： 由配方法，得 $x = \dfrac{-b \pm \sqrt{b^2 - 4ac}}{2a}$

例題

例 3

解下列一元二次方程式：

(1) $x^2 - x + 2 = 0$

(2) $x^2 + 4x + 3 = 0$

解

(1) 因判別式 $D = (-1)^2 - 4(1)(2) = 1 - 8 = -7 < 0$

故無實數解

(2) $x = \dfrac{-b \pm \sqrt{b^2 - 4ac}}{2a} = \dfrac{-4 \pm \sqrt{16 - 4(1)(3)}}{2 \times 1}$

$= \dfrac{-4 \pm \sqrt{4}}{2} = \dfrac{-4 \pm 2}{2} = -1, -3$

隨堂練習 ✏

以公式解求 $x^2 - 2x - 2 = 0$ 的根。

3-3 二次函數的定義與圖形

由 x 的二次多項式所定義的函數稱之為二次函數，其一般式為：$y = f(x) = ax^2 + bx + c$（a, b, c 為實數，且 $a \neq 0$）在第二章中曾提及一次函數的圖形為一直線，這也是一次函數又稱線性函數的原因，那麼二次函數的圖形是什麼呢？答案是「拋物線」，以下讓我們來看幾個實際的例子：

例 題

例 4

畫出 $y = x^2$ 的圖形。

解

x	⋯⋯	-3	-2	-1	0	1	2	3	⋯⋯
y	⋯⋯	9	4	1	0	1	4	9	⋯⋯

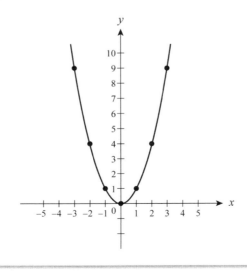

隨堂練習 🖉

觀察 $y=x^2$ 的圖形，點 $(0,0)$ 具有什麼意義？

例 5

畫出 $y=-x^2$ 的圖形。

解

x	……	-3	-2	-1	0	1	2	3	……
y	……	-9	-4	-1	0	-1	-4	-9	……

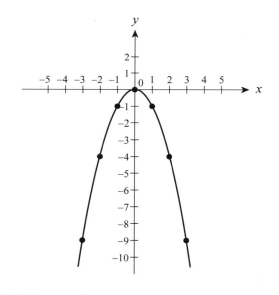

隨堂練習 🖉

觀察 $y=-x^2$ 的圖形，點 $(0,0)$ 具有什麼意義？

由例 4 及例 5，讀者是否發現要畫出適當的二次函數圖形，最重要的是此拋物線的開口與頂點要正確。以下就讓我們討論拋物線的開口與頂點：

1. 拋物線 $y = ax^2 + bx + c$ 的開口

若 $a > 0$，則開口朝上（如例 4 所示）

若 $a < 0$，則開口朝下（如例 5 所示）

2. 拋物線 $y = ax^2 + bx + c$ 的頂點

利用配方法可將 $y = ax^2 + bx + c$ 化成 $y = a\left(x + \dfrac{b}{2a}\right)^2 - \dfrac{b^2 - 4ac}{4a}$

則當 $x = -\dfrac{b}{2a}$ 時，y 恰為極值 $-\dfrac{b^2 - 4ac}{4a}$

故頂點為 $\left(-\dfrac{b}{2a}, -\dfrac{b^2 - 4ac}{4a}\right)$

例 題

例 6

試求下列二次函數之圖形開口與頂點坐標：

(1) $y = -x^2 + 2x - 4$

(2) $y = 2x^2 + 4x + 6$

解

(1) $a = -1, b = 2, c = -4$

由 $a = -1 < 0 \Rightarrow$ 開口朝下，頂點恰為拋物線之最高點，且此最高點為 $\left(-\dfrac{b}{2a}, -\dfrac{b^2 - 4ac}{4a}\right) = (1, -3)$

(2) $a = 2$, $b = 4$, $c = 6$

由 $a = 2 > 0 \Rightarrow$ 開口朝上，頂點恰為拋物線之最低點，且此最低點為 $\left(-\dfrac{b}{2a}, -\dfrac{b^2 - 4ac}{4a} \right) = (-1, 4)$

隨堂練習 ✎

試求 $y = x^2 + 2x - 4$ 之圖形開口與頂點坐標。

3-4　二次函數的最大值與最小值

　　對於二次函數 $y = ax^2 + bx + c$，其圖形為拋物線，它有唯一的最高點或最低點，亦即函數值（y 值）有唯一的最大值或最小值，在此特別將二次函數 $y = ax^2 + bx + c$ 的最大（小）值的觀念整理如下：

1. 若 $a > 0$ 時，當 $x = -\dfrac{b}{2a}$ 時，函數值 $y = -\dfrac{b^2 - 4ac}{4a}$ 為最小值。

2. 若 $a < 0$ 時，當 $x = -\dfrac{b}{2a}$ 時，函數值 $y = -\dfrac{b^2 - 4ac}{4a}$ 為最大值。

例題

例 7

求下列二次函數之極值：

(1) $y = 2x^2 - 3x - 4$

(2) $y = -x^2 + 2x + 3$

解

(1) 因 $a = 2$, $b = -3$, $c = -4$

由於 $a = 2 > 0$，故當 $x = -\dfrac{b}{2a} = \dfrac{3}{4}$ 時，

$y = -\dfrac{b^2 - 4ac}{4a} = -\dfrac{41}{8}$ 為最小值

另解：利用配方法

$y = 2x^2 - 3x - 4 = 2\left(x^2 - \dfrac{3}{2}x - 2 \right)$

$= 2\left[\left(x - \dfrac{3}{4} \right)^2 - \dfrac{9}{16} - 2 \right] = 2\left(x - \dfrac{3}{4} \right)^2 - \dfrac{41}{8} \geq -\dfrac{41}{8}$

故當 $x = \dfrac{3}{4}$ 時，$y = -\dfrac{41}{8}$ 為最小值

(2) 因 $a = -1$, $b = 2$, $c = 3$

由於 $a = -1 < 0$，故當 $x = -\dfrac{b}{2a} = 1$ 時，

$y = -\dfrac{b^2 - 4ac}{4a} = 4$ 為最大值

另解：利用配方法

$y = -x^2 + 2x + 3 = -(x^2 - 2x - 3) = -[(x-1)^2 - 1 - 3]$

$= -(x-1)^2 + 4 \leq 4$

故當 $x = 1$ 時，$y = 4$ 為最大值

隨堂練習 ✎

求 $y = -x^2 + x + 2$ 之極值。

例 8

某橘子園每公畝有 50 棵橘子樹，平均每棵可產 400 個橘子，當每公畝多種一棵樹時，每棵樹的平均產量就會減少 5 個橘子，則每公畝應種多少棵才能有最大的產量？且此最大產量為？

解

設每公畝應比 50 棵再多種 x 棵時，

則產量

$$y = (50+x)(400-5x) = -5x^2 + 150x + 20000 = ax^2 + bx + c$$

則 $a = -5$, $b = 150$, $c = 20000$

由於 $a < 0$

故當 $x = -\dfrac{b}{2a} = 15$ 時，y 有最大值是 $-\dfrac{b^2 - 4ac}{4a} = 21125$

即每公畝應種 $50 + 15 = 65$ 棵時，有最大產量 21125 個

隨堂練習

某橘子園每公畝有 250 棵橘子樹，平均每棵可產 300 個橘子，當每公畝多種一棵樹時，每棵樹的平均產量就會減少 1 個橘子，則每公畝應種多少棵才能有最大的產量？（本題列式即可）

例題

例 9

某人想利用長 100 公尺的繩子沿著河邊圍成一個長方形的區域，若靠河岸一邊不必圍，只圍其他三邊，可圍出的最大面積為多少平方公尺？

解

設此長方形之長為 x，則寬為 $\dfrac{100-x}{2}$，如圖所示

則面積為

$$y = x\left(\dfrac{100-x}{2}\right) = -\dfrac{1}{2}x^2 + 50x = -\dfrac{1}{2}(x^2 - 100x)$$
$$= -\dfrac{1}{2}[(x-50)^2 - 2500] = -\dfrac{1}{2}(x-50)^2 + 1250 \leq 1250$$

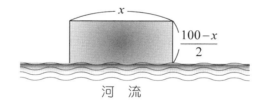

河 流

故當此長方形之長為 50，寬為 25 時，可擁有最大之面積 1250（平方公尺）。

隨堂練習

若兩數的差為 6，則此兩數的乘積是否有最大值或最小值？若有，試求其值。

數學小常識

1. 費波那契數列：1, 2, 3, 5, 8, 13, 21, 34, 55,……

　　由義大利數學家費波那契（1170~1250）所發現之費波那契數列，已被發現它是隱藏於大自然中的一種數學模式，以下的例子均與費波那契數列有關：

(1) 鳳梨外皮的鑽石模型，左下方有 8 列，右下方有 13 列。

(2) 德國雲杉的松毬螺旋狀排列是 3 列和 5 列。

(3) 向日葵種子排成左 34 支，右 55 支的螺旋狀。

　　細心的讀者是否發現此一數列中的任一項，都是前兩項的總合，你是否能舉出在大自然界中的費波那契數列的其他例子呢？

 隨堂練習 & 練習題解答

練習題

1. 解下列一元二次方程式：
   (1) $x^2 - 16 = 0$
   (2) $x^2 + x - 2 = 0$
   (3) $2x^2 + 5x + 2 = 0$
   (4) $x^2 - x - 6 = 0$

2. 設一矩形周長為 40 公分，面積為 96 平方公分，求長、寬各多少？

3. 畫出下列二次函數的圖形，並註明頂點的坐標。
   (1) $y = x^2 - 4$
   (2) $y = x^2 + 3$
   (3) $y = x^2 + 4x - 16$
   (4) $y = -x^2 + x + 2$

4. (1) $y = f(x) = 3x^2 - x + k$，已知 $f(1) = 2$，求 $k = ?$
   (2) $y = f(x) = mx^2 + nx - 1$，已知 $f(1) = 2$，$f(-1) = 0$，求 m, n 各？

5. 求下列二次函數在 $x = ?$ 時，有最大值（或最小值）？
   (1) $y = x^2 - 4x - 5$
   (2) $y = -x^2 + 4x + 2$

6. 一人站在 200 公尺高的塔頂，向上擲一球，經過 t 秒後，球離地面的高度是 y 公尺，假設 $y = 200 + 40t - 10t^2$，則球擲出後，經過？秒，其位置離地面最高。

7. 某廠商銷售某產品 x 單位的利潤為 $y = -x^2 + 100x - 200$，試求當銷售量為多少時，會產生最大的利潤？

8. 兩數的和為 5，試求兩數乘積的最大值？

9. 兩數的和為 4，試求兩數平方和的最小值？

10. 若二次函數 $y = ax^2 + bx + c$ 的圖形如下，則 a, b, c 的正負各如何？

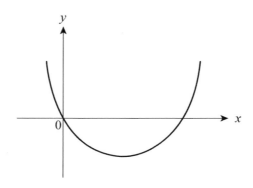

指 數

Chapter
04

線型函數（含解聯立方程式）。

4-2-1 前　言

　　我們在做數學計算時，往往需要將同一個數字連乘好幾次，為了書寫及運用上的方便，於是產生指數的概念。另外在實際生活例子中，如生物學上的細胞分裂、經濟學上的複利問題、化學上的濃度計算以及自然科學上的科學記號等等，莫不與指數有著密切的關聯。

4-2-2 公　式

1. 指數的定義

　　若 $a \in R$，$n \in N$，則 a^n 表示 a 表示自乘 n 次的乘積，也就是說 $\overbrace{a \times a \times a \cdots \cdots \times a}^{n次} = a^n$，其中 a 稱為底數，n 稱為指數，讀作 a 的 n 次方。

2. 指數的性質

　　(1) 規定：$(a \in R; \, m, n \in N)$

　　　　① $a^0 = 1 \ (a \neq 0)$

　　　　② $a^{-n} = \dfrac{1}{a^n} \ (a \neq 0)$

　　　　③ $a^{\frac{m}{n}} = \sqrt[n]{a^m} \ (a > 0)$

(2) 指數律：$(a, b \in R; m, n \in N)$

①　$a^m \times a^n = a^{m+n}$（口訣：同底相乘，指數相加）

②　$(a^m)^n = a^{mn}$

③　$a^n \times b^n = (a\,b)^n$

④　$\dfrac{a^m}{a^n} = a^{m-n}\,(a \neq 0)$（口訣：同底相除，指數相減）

⑤　$\dfrac{a^n}{b^n} = \left(\dfrac{a}{b}\right)^n\,(b \neq 0)$

　　上述我們所討論的指數，都是自然數，事實上，指數的範圍可以推廣至實數，推廣後，上述指數律仍然成立。

4-2-3　計　算

例題

例 1

試求下列各值：

(1) 5^0

(2) $(-1)^0$

解

(1) $5^0 = 1$

(2) $(-1)^0 = 1$

隨堂練習 ✐

$0^0 = ?$

例 2

試求下列各值：

(1) 7^{-3}

(2) $(-7)^{-3}$

解

(1) $7^{-3} = \dfrac{1}{7^3} = \dfrac{1}{343}$

(2) $(-7)^{-3} = \dfrac{1}{(-7)^3} = -\dfrac{1}{343}$

隨堂練習 ✏

$2^{-4} = ?$

例 3

試求下列各值：

(1) $10^{\frac{1}{2}}$

(2) $6^{\frac{2}{3}}$

解

(1) $10^{\frac{1}{2}} = \sqrt{10}$

(2) $6^{\frac{2}{3}} = \sqrt[3]{6^2} = \sqrt[3]{36}$

隨堂練習 ✎

$16^{\frac{1}{4}} = ?$

例題

例 4

試求下列各值：

(1) $2^3 \times 2^2$

(2) $2^3 \times 2^{-5}$

解

(1) $2^3 \times 2^2 = 2^{3+2} = 2^5 = 32$

(2) $2^3 \times 2^{-5} = 2^{3-5} = 2^{-2} = \dfrac{1}{2^2} = \dfrac{1}{4}$

隨堂練習 ✎

$4^{-3} \times 4 = ?$

例 5

試求下列各值：

(1) $(5^2)^3$

(2) $(2^{-1})^4$

解

(1) $(5^2)^3 = 5^{2 \times 3} = 5^6$

(2) $(2^{-1})^4 = 2^{(-1) \times 4} = 2^{-4} = \dfrac{1}{2^4} = \dfrac{1}{16}$

隨堂練習 ✏

$(3^2)^{-2} = ?$

例 6

試求下列各值：

(1) $3^2 \times 4^2$

(2) $(-1)^{-3} \times (-2)^{-3}$

解

(1) $3^2 \times 4^2 = (3 \times 4)^2 = 12^2 = 144$

(2) $(-1)^{-3} \times (-2)^{-3} = [(-1) \times (-2)]^{-3} = 2^{-3} = \dfrac{1}{8}$

隨堂練習 ✏

$8^{-1} \times 2^{-1} = ?$

例 7

試求下列各值：

(1) $\dfrac{8^5}{8^3}$

(2) $\dfrac{9^{\frac{5}{2}}}{3^2}$

解

(1) $\dfrac{8^5}{8^3} = 8^{5-3} = 8^2 = 64$

(2) $\dfrac{9^{\frac{5}{2}}}{3^2} = \dfrac{(3^2)^{\frac{5}{2}}}{3^2} = \dfrac{3^5}{3^2} = 3^3 = 27$

隨堂練習 ✏

$\dfrac{2^{-4}}{4^{-2}} = ?$

例 8

(1) $4^2 + 4^2 + 4^2 + 4^2 = 2^a$ 則，$a = ?$

(2) $4^2 \times 4^2 \times 4^2 \times 4^2 = 2^b$ 則，$b = ?$

解

(1) $4^2 + 4^2 + 4^2 + 4^2 = 4(4^2) = (2^2)(2^4) = 2^6 = 2^a$

故 $a = 6$

(2) $4^2 \times 4^2 \times 4^2 \times 4^2 = 4^{2+2+2+2} = 4^8 = (2^2)^8 = 2^{16} = 2^b$

故 $b = 16$

隨堂練習 ✐

$9^2 + 9^2 + 9^2 = 3^?$

例題

例 9

畫出 $y = 2^x$ 與 $y = 3^x$ 的圖形,並求其交點。

解

$y = 2^x$ 與 $y = 3^x$ 的圖形如
右圖所示,兩圖形均遞
增,其交點為$(0,1)$。

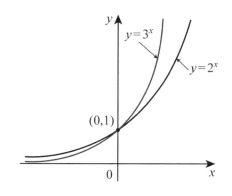

隨堂練習

(1)當 $x = -2$ 時,比較 $y = 2^x$ 與 $y = 3^x$,哪個 y 值比較大?

(2) 當 $x = 2$ 時,比較 $y = 2^x$ 與 $y = 3^x$,哪個 y 值比較大?

4-3 指數的應用

MATHEMATICS

　　生物學上有所謂的細胞分裂,也就是原來有一個細胞,經過第一次分裂成為 2 個細胞,再經分裂一次(第二次分裂)成為 4 個細胞,如此持續分裂下去,到第 n 次後,細胞總數將變成 2^n 個。

例 10

某種細菌每一小時分裂一次，則經過十小時後，細菌總數成為原來的多少倍？

解

每一小時分裂一次，經過十小時則分裂十次，亦即分裂次數 $n = 10$，若原來細菌只有一隻，到最後將增為 $2^n = 2^{10}$ 隻，故細菌總數為原來的 2^{10} 倍。

隨堂練習

某種單細胞生物每 10 分鐘分裂一次，則經過多少時間，該生物的總數會成為原來的 64 倍？

一般銀行有兩種計息方式，單利及複利。

單利計算的本利和 $S = P(1 + nr)$
複利計算的本利和 $S = P(1 + r)^n$
其中 P 為本金，r 為每一期的利率，n 為期數

若以同一筆本金存入銀行，分別用單利、複利計算，在相同的利率與期數之條件下，則複利計息的報酬率較高，讀者可從「例 11」得到印證。

例 11

發財在銀行存了 10 萬元，若該銀行存款之年利率為 6%，每半年計息一次則以(1)單利；(2)複利計算，發財於兩年後，可領回多少錢？

解

半年的利率 $= \dfrac{6\%}{2} = 3\%$　　　期數 $n = 4$

(1) 單利本利和 $= 100000\,(1 + 4 \times 3\%) = 112000$（元）

(2) 複利本利和 $= 100000\,(1 + 3\%)^4 = 112551$（元）

隨堂練習

小花將 10000 元存入銀行，年利率 2%，一年一期：

(1) 單利計算兩年後的本利和

(2) 複利計算兩年後的本利和

　　在純水中，僅有少量的水分子會解離成氫離子 H^+ 及氫氧離子 OH^-，而其離子積為 $[H^+][OH^-] = 10^{-14}$。事實上；常溫下任何水溶液的離子積 $[H^+][OH^-]$ 亦恆為 10^{-14}，利用上述觀念，我們可以計算水溶液中的氫離子或氫氧離子的濃度。

例 12

已知某硫酸溶液中氫氧離子的濃度為 $5 \times 10^{-10} (\text{M})$，試求氫離子濃度 $[\text{H}^+] = ?$

解

由 $[\text{H}^+][\text{OH}^-] = 10^{-14}$

故 $[\text{H}^+](5 \times 10^{-10}) = 10^{-14}$

$$[\text{H}^+] = \frac{10^{-14}}{5 \times 10^{-10}} = 2 \times 10^{-5} (\text{M})$$

隨堂練習 ✎

已知某鹼性溶液中氫離子的 $[\text{H}^+]$ 濃度為 5×10^{-11} (M)，試求氫氧離子濃度 $[\text{OH}^-]$？

在自然科學的運算中，常常需要處理很大（例如兩星球間的距離），或很小（例如細菌的大小）的數字，為了方便起見，有必要選取合適的單位以及使用科學記號。

所謂科學記號就是將每個正數 x 改寫成 $a \times 10^n$，其中 $1 \leq a < 10$，$n \in Z$。例如

$$1234 = 1.234 \times 10^3$$
$$0.036 = 3.6 \times 10^{-2}$$

例 13

試將下列各數以科學記號表示：

(1) 0.00067

(2) 97645

(3) 830.14

解

(1) $0.00067 = 6.7 \times 10^{-4}$

(2) $97645 = 9.7645 \times 10^{4}$

(3) $830.14 = 8.3014 \times 10^{2}$

隨堂練習

試將下列各數以科學記號表示：

(1) 120

(2) 0.004

例 14

某種桿菌略呈長方形，若已知其長為 2×10^{-6} (m)，寬為 8×10^{-8} (m)，則面積為多少？

解

長方形面積＝長×寬

故此桿菌面積

$= (2 \times 10^{-6})(8 \times 10^{-8}) = 16 \times 10^{-14} = 1.6 \times 10^{-13} (\text{m}^2)$

隨堂練習

長方形面積 4×10^5 (m)，寬為 5×10^2 (m)，求長＝？

數學小常識

1. 零從哪裡來：有兩個數分別為 1953125 及 512；它們本身不帶任何零，但它們的乘積為 $1000000000 = 10^9$。

隨堂練習 & 練習題解答

練習題

1. 試求下列各值：

(1) $(-5)^0$

(2) $-(-5)^0$

(3) $\dfrac{2^{-4}}{4^{-4}}$

(4) $4^{\frac{-1}{2}}$

(5) $4^{-3} \times 8^2$

(6) $(9^4)^{\frac{1}{2}}$

(7) $2^5 \div 2^7$

(8) $\dfrac{2^{35}}{4^{16}}$

(9) $\dfrac{4^{\sqrt{3}-1}}{4^{\sqrt{3}}}$

(10) $\dfrac{4^8}{8^2}$

2. 試求下列各值：

(1) $7^{\frac{5}{4}} \times 7^{\frac{3}{4}} + \dfrac{3^5}{3^4} - (\dfrac{1}{2})^{-4}$

(2) $\left[(\dfrac{1}{9})^3 \times 81^2 \right]^3 \times 9^{-1}$

(3) $\dfrac{3^6 \times 3^{-1}}{9^4 \times 3^{-4}} \div \dfrac{2}{2^5 \times 2^{-2}}$

(4) $\dfrac{\sqrt{8(\sqrt{2})^{10}}}{16}$

(5) $(2^8 + 2^8) \div (8^2 + 8^2)$

(6) $(2^8 \times 2^8) \div (8^2 \times 8^2)$

(7) $(25^{\frac{1}{4}} + 16^{\frac{1}{4}})(25^{\frac{1}{4}} - 16^{\frac{1}{4}})$

(8) $(\sqrt[3]{4})^{12} - (\sqrt[5]{16})^{\frac{5}{4}} - (\sqrt[7]{4})^{\frac{7}{2}}$

3. 畫出 $y = (\frac{1}{2})^x$ 與 $y = (\frac{1}{3})^x$ 的圖形，並求其交點。

4. 實驗室培養一種細菌，第一天原有 10 隻，第二天繁殖成 20 隻，按照這種繁殖速率，第十天細菌變為幾隻？

5. 聰明有現金 1 萬元，欲放入銀行定存兩年，甲銀行存款年利率 11%，單利計算；乙銀行存款年利率 10%，複利計算，若兩家銀行皆以一年為一期，則聰明應將錢存入哪家銀行較划算？

6. 已知某氫氧化鈉溶液中，氫離子濃度為 $2 \times 10^{-5}M$，試求氫氧離子濃度？

7. 試將下列各數以科學記號表示：

   (1) 0.05

   (2) 0.156

   (3) 6000

   (4) 456789

8. 若 $9^2 + 9^2 + 9^2 = 9^a$，則 $a = ?$

9. $(\frac{X^a}{X^b})^{(a+b)} \cdot (\frac{X^b}{X^c})^{(b+c)} \cdot (\frac{X^c}{X^a})^{(a+c)} = ?$

10. 已知 $(1000001)^x = (-999)^Y = (99110)^Z = 1$，試求 $100X + 10(1-Y) + 99Z = ?$

11. 設 $9^x = 27$，則 $x = ?$

12. 設 $a = 0.5^{0.5}$，求 a 介於哪兩個小數？　(A) $a < 0.5$　(B) $0.5 < a < 0.6$　(C) $0.6 < a < 0.7$　(D) $0.7 < a < 0.8$　(E) $a > 0.8$

13. 比較 0.4^5，0.4^2，0.4^{-1} 三數的大小。

14. 化簡 $(a^{\frac{1}{2}}b^{-2})^{\frac{1}{2}} \times (ab)^{\frac{3}{4}} \times a^{-1}b^{\frac{1}{4}} = ?$

15. 設 $\log_x 81 = -4$，則 $x = ?$

16. 已知 a, b, c 皆為整數，則下列敘述會恆成立的請打○，其餘打×：

____(1) 小明先將 a 做平方，再開三次方根號；小華先將 a 開三次方根號，再做平方，兩人算出來最後的答案必定相同。

____(2) 若 a, b 兩數皆大於零，且滿足 $\sqrt{a} > \sqrt{b}$，則 $a > b$。

____(3) 若 $a^2 - b^2 > 0$，則 $a > b$。

____(4) 若 $a^b = a^c$，則 $b = c$。

____(5) 若 $a^3 = b^3$，則 $a = b$。

MEMO

對　數

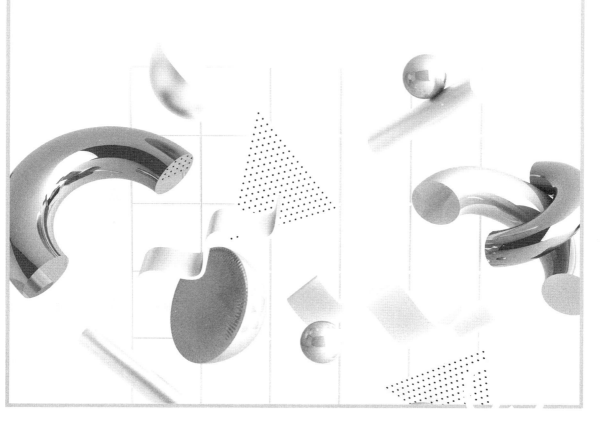

Chapter
05

5-1 對數的定義與性質

　　對數的出現乃因指數而來，例如 2^{100} 究竟多大，如果讀者將 2 自乘 100 次，那將是一件曠日費時的事，但如果以對數來解決此一問題，將會非常方便。另外在化學上溶液的酸鹼值亦與對數密不可分，到底什麼是對數呢？其定義如下：

$$a^x = b \quad \Leftrightarrow \quad \log_a b = x$$

其中，$a > 0$，$a \neq 1$，a 稱為底數；$b > 0$，b 稱為真數；$\log_a b$ 稱為以 a 為底，b 的對數。

對數具有下列一些性質：

1. $\log_a a = 1$，$\log_a 1 = 0$

2. $\log_a rs = \log_a r + \log_a s$ （口訣：化乘為加）

3. $\log_a \dfrac{r}{s} = \log_a r - \log_a s$ （口訣：化除為減）

4. $\log_a r^c = c \log_a r$

5. $\log_a r = \log_b r / \log_b a$ （換底公式）

6. $\log_a r = 1 / \log_r a$

7. $a^{\log_a b} = b$

例 1

求：

(1) $\log_3 81$

(2) $\log_3 \dfrac{1}{81}$

(3) $\log_{\frac{1}{3}} 81$

(4) $\log_{\frac{1}{3}} \dfrac{1}{81}$

解

(1) $\log_3 81 = \log_3 3^4 = 4\log_3 3 = 4 \times 1 = 4$

（根據性質 4）（根據性質 1）

(2) $\log_3 \dfrac{1}{81} = \log_3 1 - \log_3 81 = 0 - 4 = -4$

（根據性質 3）　　　（根據性質 1）

(3) $\log_{\frac{1}{3}} 81 = \log_3 81 \Big/ \log_3 \dfrac{1}{3} = 4 \Big/ \log_3 3^{-1} = 4 \Big/ -\log_3 3 = 4/-1 = -4$

（根據性質 5）　　　（根據性質 4）　　　（根據性質 1）

(4) $\log_{\frac{1}{3}} \dfrac{1}{81} = \log_{\frac{1}{3}} (\dfrac{1}{3})^4 = 4\log_{\frac{1}{3}} \dfrac{1}{3} = 4 \times 1 = 4$

（根據性質 4）

隨堂練習 ✐

(1) $\log_4 8 = ?$

(2) $\log_{\frac{1}{8}} 4 = ?$

例 2

已知 $\log_{10}2 = 0.3010$，求：

(1) $\log_{10}5$

(2) $\log_{10}50$

解

(1) $\log_{10}5 = \log_{10}\dfrac{10}{2} = \log_{10}10 - \log_{10}2$

（根據性質 3）

$= 1 - 0.3010 = 0.6990$

(2) $\log_{10}50 = \log_{10}(5 \times 10) = \log_{10}5 + \log_{10}10$

（根據性質 2）

$= 0.6990 + 1 = 1.6990$

隨堂練習 ✏

已知 $\log_{10}3 = 0.4771$，求 $\log_{10}9 = ?$

例 3

求：

(1) $3^{\frac{1}{\log_2 3}}$

(2) $3^{\frac{\log_2 5}{\log_2 3}}$

解

(1) $3^{\frac{1}{\log_2 3}} = 3^{\log_3 2} = 2$

（根據性質 6）（根據性質 7）

(2) $3^{\frac{\log_2 5}{\log_2 3}} = 3^{\log_3 5} = 5$

（根據性質 5）（根據性質 7）

隨堂練習 ✎

$2^{\log_4 \frac{1}{4}} = ?$

例 題

例 4

畫出 $y = \log_2 x$ 與 $y = \log_3 x$ 的圖形，並求其交點。

解

$y = \log_2 x$ 與 $y = \log_3 x$ 的圖形如下圖所示，其交點為 $(1,0)$。

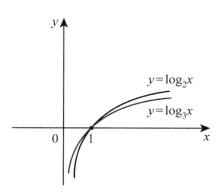

隨堂練習 ✎

$\log_2 0.5$ 與 $\log_3 0.5$ 誰比較大？

5-2　常用對數

　　以下我們將介紹一種常見的對數，稱為常用對數。凡是以 10 為底的對數就叫作常用對數，記為 $\log x$，此對數之底數 10 可省略不寫。常用對數的值可以寫成整數部分（首數）與正純小數部分（尾數）的和，即

$$\log x = n + k$$

其中 $x > 0$，$n \in z$，$0 \le k < 1$，稱 n 為首數，k 為尾數。

例 題

例 5

求下列各常用對數之首數與尾數：

(1) $\log 24$

(2) $\log \dfrac{1}{24}$

解

(1) $\log 24 = \log(2^3 \times 3) = \log 2^3 + \log 3 = 3\log 2 + \log 3$

　　$= 3 \times 0.3010 + 0.4771 = 1.3801 = 1 + 0.3801$

故首數為 1，尾數為 0.3801

(2) $\log \dfrac{1}{24} = \log 24^{-1} = -\log 24 = -1.3801 = -2 + 0.6199$

故首數為 -2，尾數為 0.6199

隨堂練習

求(1)log20，(2)log0.5 之首數與尾數？

從例 5 中同學是否發現由首數可判別真數之位數，其規則如下：

1. 真數 $x>1$ 時，則 x 的整數部分的位數是首數加 1，即 $n+1$。

2. $0<x<1$ 時，則 x 的小數部分在小數點後第 $-n$ 位不是零。

例題

例 6

求下列各是幾位數？

(1) 2^{10}

(2) 2^{100}

解

(1) $\log 2^{10} = 10\log 2 = 10 \times 0.3010 = 3.01 = 3 + 0.01$

其首數為 3，故 2^{10} 是 $3+1=4$ 位數

(2) $\log 2^{100} = 100\log 2 = 100 \times 0.3010 = 30.1 = 30 + 0.1$

其首數為 30，故 2^{100} 是 $30+1=31$ 位數

隨堂練習

有一偶像歌星的酬勞是 3^{14} 元，若不用計算機計算，你知道他的酬勞大約是幾位數嗎？（已知 $\log 3 = 0.4771$）

例 7

$(\frac{1}{2})^{30}$ 所表示的小數，自小數點以下第幾位起才出現不為 0 的數字？

解

$$\log (\frac{1}{2})^{30} = 30\log \frac{1}{2} = 30\,(-\log 2) = 30 \times (-0.3010) = -9.03$$
$$= -10 + 0.97$$

其首數為 -10，故 $(\frac{1}{2})^{30}$ 自小數點以下第 $-(-10) = 10$ 位起才出現不為 0 的數字。

隨堂練習 🖊

$(\frac{1}{4})^{10}$ 所表示的小數，自小數點以下（以後）第幾位起才出現不為 0 的數？

　　讀者心裡會不會有個疑問，那就是上述題目解答過程都會用到 $\log 2 = 0.3010$，$\log 3 = 0.4771$ 等對數，一旦遇到 $\log 2.01$、$\log 3.84$ 等對數時又該如何？此時就需要利用常用對數表。本表列於本書末的附錄中，以常用對數 $\log x$ 為例，本表要求真數 x 必須是三位數（含整數部分一位，小數部分兩位），例如 $x = 2.00$；3.97；4.83 等等；表中最左邊的第一行代表 x 的前二位數，最上面的第一列代表 x 的最末位，而其交會處即為 $\log x$ 之尾數。

例 題

例 8

利用常用對數表查：

(1) log3.84

(2) log12.5

(3) log0.065

解

(1) $\log 3.84 \Rightarrow 0.5843$

故 $\log 3.84 = 0.5843$

(2) $\log 12.5 = \log (10 \times 1.25) = \log 10 + \log 1.25 = 1 + \log 1.25$

$\log 1.25 \Rightarrow$ 查表 12 與 5 交會處為 0969

故 $\log 1.25 = 0.0969 \Rightarrow \log 12.5 = 1 + 0.0969 = 1.0969$

(3) $\log 0.065 = \log (10^{-2} \times 6.50) = \log 10^{-2} + \log 6.50$

$= -2 + \log 6.50 = -2 + 0.8129 = -1.1871$

隨堂練習 🖉

利用常用對數表查：

(1) log5

(2) log19.4

例 9

$(2.46)^{100}$ 是幾位數？

解

查表得 $\log 2.46 = 0.3909$

故 $\log(2.46)^{100} = 100\log 2.46$

$= 100 \times 0.3909$

$= 39.09$

$= 39 + 0.09$

得 $(2.46)^{100}$ 是 $39 + 1 = 40$ 位數

隨堂練習 🖊

19.4^{10} 是幾位數？

5-3 對數的應用

MATHEMATICS

這一部分的內容我們將介紹對數與 pH 值之關係。pH 值是溶液酸鹼度的一種表示法，當 pH 值越小表示溶液的酸性越強，當 pH 值越大表示溶液的酸性越弱。而 pH 值定義為溶液中氫離子濃度的負的常用對數值，如下式所表示：

$pH = -\log[H^+]$

例 10

已知某硫酸溶液中氫離子濃度為 2×10^{-4}(M)，求 pH = ？

解

因 $[H^+] = 2 \times 10^{-4}$

$\Rightarrow pH = -\log[H^+] = -\log(2 \times 10^{-4}) = -(\log 2 + \log 10^{-4})$

$\qquad = -(0.3010 - 4) = -(-3.699) \cong 3.7$

隨堂練習

警方在機場發現恐怖分子放置一種溶液，經檢驗其氫離子濃度為 4×10^{-5} M，此溶液的 pH 值？

例 11

pH = 4.6 之某溶液其氫離子濃度？

解

由 $pH = -\log[H^+] = 4.6 \Rightarrow \log[H^+] = -4.6 = -5 + 0.4$

經查表可知 $\log 2.51 \cong 0.4$，又 $-5 = \log 10^{-5}$

故 $\log[H^+] = \log 10^{-5} + \log 2.51 = \log(2.51 \times 10^{-5})$

所以 $[H^+] = 2.51 \times 10^{-5}$ (M)

隨堂練習 ✎

　　警方在機場發現恐怖分子放置一種溶液，經檢驗得知其溶液的 pH 值為 3.2，此溶液氫離子濃度？

　　在第 3 章中曾提及的細胞分裂問題，除了用指數的方式表達外，往往也需要藉助對數來解決細胞分裂的問題。

例題

例 12

　　某生物學家進行某種細胞培養的實驗，一開始培養皿裡面只有一個細胞，問分裂幾次後，細胞總數會超過 20 萬個？

解

因為一個細胞經 n 次分裂後，其總數變為 2^n 個，

故得 $2^n > 20$ 萬

$$2^n > 2 \times 10^5$$

不等號兩邊同時取常用對數

則 $\log 2^n > \log(2 \times 10^5)$

$n \log 2 > \log 2 + \log 10^5$

$0.3010n > 0.3010 + 5$

$n > \dfrac{5.3010}{0.3010} \doteqdot 17.6$

因為 n 為自然數

故 $n = 18$（次）

也即一個細胞分裂 18 次後，其總數會超過 20 萬個

隨堂練習 ✐

原有 4 個細胞，經過多少次分裂後，會超過 10^5 個細胞？

例題

例 13

已知某種細胞的培養過程中，平均每個細胞的分裂週期為 1 天，所占面積為 5×10^{-11} (m²)，今在一面積為 15 (m²)的培養皿中植入 100 個細胞，問需多少天方能長滿整個培養皿？

解

設需經過 n 天方能長滿，因細胞 1 天分裂 1 次，故分裂了 n 次，最後細胞總數為 100×2^n 個。

故得

$$(100 \times 2^n) \times (5 \times 10^{-11}) \geq 15$$

$$2^n \geq \frac{15}{5 \times 10^{-9}}$$

$$2^n \geq 3 \times 10^9$$

不等號兩邊同時取常用對數

則 $\log 2^n \geq \log (3 \times 10^9)$

$$n \log 2 \geq \log 3 + \log 10^9$$

$$0.3010n \geq 0.4771 + 9$$

$$n \geq \frac{9.4771}{0.3010} \fallingdotseq 31.5$$

因為 n 為自然數

故 $n = 32$

也即需經過 32 天，細胞方能長滿整個培養皿。

隨堂練習

同「例 13」，需多少天方能長滿半個培養皿？

數學小常識

1. 零從哪裡來：有兩個數分別為 1953125 及 512；它們本身不帶任何零，但它們的乘積為 $1000000000 = 10^9$。

🔍 隨堂練習 & 練習題解答

練習題

1. 畫出 $y = \log_{\frac{1}{2}} x$ 與 $y = \log_{\frac{1}{3}} x$ 的圖形，並求其交點。

2. 試求下列各值：

    (1) $\log_2 64$

    (2) $\log_3 \dfrac{1}{9}$

    (3) $\log_{\frac{1}{2}} 4$

    (4) $\log_{\frac{1}{2}} \dfrac{1}{4}$

    (5) $\log_{100} 10$

    (6) $\log_{0.1} 1000$

    (7) $\log_9 27$

    (8) $\log_8 \dfrac{1}{4}$

    (9) $4^{\log_2 3}$

    (10) $\log_{25} 5^{100}$

3. 已知 $\log 5 = 0.6990$，求 $\log \dfrac{1}{25} = ?$

4. 已知 $\log 2 = 0.3010$, $\log 3 = 0.4771$，求 $\log 180 = ?$

5. 根據對數表，查出：

    (1) $\log 2.4$

    (2) $\log 128$

6. 已知 $\log 2 = 0.3010$，求下列各常用對數之首數與尾數：

    (1) $\log 40$　　　　(2) $\log \dfrac{1}{8}$

7. (1) 9^{20} 是幾位數？

    (2) $(\dfrac{1}{8})^{30}$ 所表示的小數，自小數點以下第幾位起才出現不為 0 的數？

8. 若 $\log 2 = a$，$\log 3 = b$，則 $\log_5 72 = ?$　　（答案以 a, b 表示）

9. (1) 某鹼性溶液中氫氧離子濃度為 $2 \times 10^{-6}(M)$，求 $pH = ?$

    (2) $pH = 4.71$ 之某溶液其氫離子濃度？

10. 某種細菌每天分裂兩次，第一天原有 10 隻細菌，則要到第幾天，細菌的數量才會超過 1 萬隻？

11. 有一個面積 100 公頃的池塘內種了 0.5 公頃的布袋蓮，若布袋蓮每兩週增長一倍，則需多久布袋蓮會長滿整個池塘？

12. 已知 $\log 2 = 0.3010$，$\log 3 = 0.4771$，試求 $\log_{\sqrt{2}} 3 = ?$

13. 已知 $(47)^{100}$ 是 168 位數，則 $(47)^{12}$ 是幾位數？

14. 設有一張很大很大的報紙，厚 $\dfrac{1}{100}$ 公分，對摺一次，厚度加倍，再對摺一次厚度又加倍，如此繼續下去，則至少要對摺幾次，其厚度可達地球到太陽的距離？（地球到太陽的距離約為 14549 萬公里，已知 $\log 1.4549 \fallingdotseq 0.1628$）

15. 設 n 是自然數，若 $\log(\log n) = 3$，求 n 是幾位數？

16. 若 $\log_2(\log_3 x) + \log_2(\log_5 9) = 2$，則 $x = ?$

數　列

Chapter
06

6-1 預備知識　　MATHEMATICS

指數。

6-2 數列的意義　　MATHEMATICS

若護理人員定時為病人量測體溫，將每次測量的結果都記錄下來，如下所示：39.5, 39.6, 39.4, 39, 38.5, 38.1, 37.8, 37.6……(°C)如此形成的有次序的一列數，叫做「數列」。

數列中的每一個數叫做「項」，第一個數叫做「首項」，第二個數做第二項，第三個數叫做第三項，……如果一數列的項數是有限的，則稱之為「有限數列」；如果一數列的項數是無限的，則稱之為「無窮數列」。在有限數列中的最後一項稱為「末項」。

數列的表示法為$<a_n>$其中 a_n 代表第 n 項，例如 $a_1 =$第一項，$a_2 =$第二項，$a_3 =$第三項……，以上述體溫的數列為例，則 $a_1 = 39.5$，$a_2 = 39.6$，$a_3 = 39.4$,……。

例 題

例 1

某數列為$<n^2>$，求此數列的前三項。

解

因為第 n 項 $a_n = n^2$

所以第一項 $a_1 = 1^2 = 1$

第二項 $a_2 = 2^2 = 4$

第三項 $a_3 = 3^2 = 9$

隨堂練習 ✐

　　某數列為 $<n-2>$，求此數列的前三項。

例 2

　　一數列 $\dfrac{1}{2}$, $\dfrac{1}{5}$, $\dfrac{1}{10}$, $\dfrac{1}{17}$ …… 依此規則，試求其第 n 項 a_n 為何？

解

　　因為

$$\frac{1}{2} = \frac{1}{1^2 + 1}$$
$$\frac{1}{5} = \frac{1}{2^2 + 1}$$
$$\frac{1}{10} = \frac{1}{3^2 + 1}$$
$$\vdots$$
$$\vdots$$

　　所以 $a_n = \dfrac{1}{n^2 + 1}$

隨堂練習 ✐

　　一數列 $3, 5, 7, 9$ …… 依此規則，試求其第 n 項 a_n 為何？

例 3

某人培養一種有機體，發現其重量為 x 克時，隔天重量變為 $x^2 + x$ 克，若第一天有機體重量為 1 克，則第四天此有機體之重量為何？

解

第一天 1 克

第二天 $1^2 + 1 = 2$ 克

第三天 $2^2 + 2 = 6$ 克

第四天 $6^2 + 6 = 42$ 克

隨堂練習 ✐

某種生物當天是 x 克，隔天變 $2x + 1$ 克，若該生物第一天重 2 克，則第三天變成多少克？

6-3　等差數列

仔細觀察下列兩數列：

$<a_n>$：3, 8, 13, 18, 23 ......

$<b_n>$：7, 12, 17, 22, 27 ......

讀者是否發現此兩數列有共同之處？無論$<a_n>$或$<b_n>$其後一項減前一項的差均為 5，這種數列特別稱為「等差數列」。

凡一數列，其後一項減前一項的差都相等，則此數列稱為「等差數列」或「算術數列」，而其後一項減前一項的差稱為「公差」，如前述數列$<a_n>$、$<b_n>$的公差均為 5。

例題

例 4

等差數列：2, 5, 8, 11, 14 的公差為何？

解

公差 $d = 5 - 2 = 8 - 5 = 11 - 8 = 14 - 11 = 3$

隨堂練習 🖉

等差數列：11, 8, 5, 2 的公差為何？

由例 4 我們可以了解；只要知道一等差數列的首項與公差，就可以導出此數列的任何一項，以下我們將推導出等差數列一般項的公式：

設等差數列$<a_n>$，首項為 a_1，公差為 d，則

首項 a_1

第二項 $a_2 = a_1 + d$

第三項 $a_3 = a_1 + 2d$

第四項 $a_4 = a_1 + 3d$

$\vdots$

$\vdots$

所以第 n 項 $a_n = a_1 + (n-1)d$

例 5

求等差數列 2、5、8……的第 11 項。

解

首項 $a_1 = 2$

公差 $d = 5 - 2 = 3$

故第 11 項 $a_{11} = a_1 + (11-1)d = 2 + 10 \times 3 = 32$

隨堂練習 ✎

求等差數列 4, 6, 8,…… 的第 21 項。

例 6

一等差數列的首項為 3，末項為 19，公差為 4，求項數為何？

解

項數為 n，又 $a_1 = 3$，$a_n = 19$，$d = 4$

由 $a_n = a_1 + (n-1)d \Rightarrow 19 = 3 + (n-1) \times 4 \Rightarrow n = 5$

隨堂練習 ✎

小崴在探險的過程中發現岩壁上刻有 3, 8, 13, 18,……, 248，小崴認為此為一等差數列，但必須知道數列共有幾項？才能解開祕密，你能幫忙嗎？

例題

例 7

一等差數列 $100, 97, 94\cdots\cdots$ 中，自第幾項開始出現負數？

解

設第 n 項開始出現負數

而 $a_1 = 100$，$d = 97 - 100 = -3$

則 $a_n = a_1 + (n-1)d = 100 + (n-1) \times (-3) < 0$

$\Rightarrow n > 34\dfrac{1}{3}$

但 $n \in N$ 故 n 的最小值為 35

即此數列自第 35 項開始出現負數

隨堂練習 ✎

小寧在探險的過程中發現金庫密碼數列如下：

$-100, -97, -94, \cdots\cdots$，自第幾項開始出現正數？

例題

例 8

阿花原有 1000 元，現在計畫自第一天起每日儲蓄 200 元，則到第幾天她的存款才會多於 10000 元？

解

$a_n = a_1 + (n-1)d = 1200 + (n-1) \times 200 > 10000$

$\Rightarrow n > 45$

但 $n \in N$ 故 n 的最小值為 46

即阿花直到第 46 天存款才大於 10000 元

隨堂練習 🖉

阿花計畫自第一天起每日儲蓄 200 元,則到第幾天她的存款才會多於 5500 元?

若 a, b, c 三數成等差數列,則 b 叫做 a 與 c 的等差中項或算術平均數,此時 $b = \dfrac{a+c}{2}$,其證明如下:

設此等差數列之公差為 d

則 $a_1 = a$

$\quad a_2 = b = a + d$

$\quad a_3 = c = a + 2d$

故 $\dfrac{a+c}{2} = \dfrac{a+(a+2d)}{2} = \dfrac{2a+2d}{2} = a+d = b$

例題

例 9

若 $x - 3$ 與 $2x + 4$ 兩數的等差中項為 14,求 x。

解

由題意知 $\dfrac{(x-3)+(2x+4)}{2} = 14$

$\Rightarrow 3x + 1 = 28$

$\Rightarrow x = 9$

隨堂練習 ✎

x, $2x-1$, 7 三數成等差，求 $x = ?$

6-4 等比數列

MATHEMATICS

仔細觀察下列兩數列

$<a_n>$：2, 6, 18, 54, 162 ......

$<b_n>$：1/9, 1/3, 1, 3, 9 ......

讀者是否發現此兩數列有共同之處？$<a_n>$或$<b_n>$其後一項除以前一項的值均為 3，這種數列特別稱為「等比數列」。

凡一數列，其後一項對前一項的比值都相等，則此數列稱為「等比數列」，而其後一項對前一項的比值稱為「公比」，如前述數列$<a_n>$、$<b_n>$的公比均為 3。

例 10

一等比數列首項為 3，公比為 2，求前四項。

解

$a_1 = 3$

$a_2 = 3 \times 2 = 6$

$a_3 = 6 \times 2 = 12$

$a_4 = 12 \times 2 = 24$

隨堂練習

一等比數列首項為 2，公比為 6，求前三項。

從例 10 我們可以了解：只要知道一等比數列的首項與公比，就可導出此數列的任何一項，以下我們將推導出等比數列一般項的公式：

設等比數列$<a_n>$，首項為 a_1，公比為 r，則

首項 a_1

第二項 $a_2 = a_1 r$

第三項 $a_3 = a_2 r = a_1 r^2$

第四項 $a_4 = a_3 r = a_1 r^3$

$$\vdots$$
$$\vdots$$

所以第 n 項 $a_n = a_1 r^{n-1}$

例題

例 11

在下列各空格填入適當的數，使得每個數列成為等比數列：

(1) 3, 12,_____, _____。

(2) −5, 10, _____, _____。

解

(1) 因為公比 $r = 12 \div 3 = 4$，所以此數列為 3, 12, <u>48</u>, <u>192</u>。

(2) 因為公比 $r = 10 \div (-5) = -2$，所以此數列為−5, 10, <u>−20</u>, <u>40</u>。

隨堂練習 🖋

在下列各空格填入適當的數，使得數列成為等比數列：64, 32, _____, _____。

例題

例 12

一等比數列的公比是 $\dfrac{3}{4}$，第 4 項是 675，求首項。

解

由第 4 項是 675 可知

$$a_4 = a_1 r^{4-1} = a_1 r^3 = a_1 (\frac{3}{4})^3 = 675$$

故首項 $a_1 = 675 \times (\frac{4}{3})^3 = 1600$

隨堂練習 ✎

一等比數列的公比為 2，首項為 3，則第 9 項為多少？

例 13

某鎮每年的人口逐年成長且成一等比數列，已知 10 年前此鎮有 5 萬人，現在約有 15 萬人，那麼 20 年後，此鎮人口約有多少人？

解

因為 10 年前人口為 5 萬人，若設每年人口成長率為 r，所以經過 10 年（到現在相當於第 11 年）此鎮人口成長為 $5r^{11-1}$ 萬人。也就是說

$$5r^{10} = 15$$

即　　$r^{10} = 3$

再經過 20 年，人口成長為

$$15 \times r^{20} = 15 \times 3^2$$
$$= 135 （萬人）$$

隨堂練習 ✎

根據「例 13」，30 年後，此鎮人口約有多少人？

若 a, b, c 三數成等比數列,則 b 叫做 a 與 c 的等比中項或幾何平均數,此時 $b=\pm\sqrt{ac}$。其證明如下:

設此等比數列之公比為 r

則 $a_1=a$

$a_2=b=ar$

$a_3=c=ar^2$

此時 $b^2=(ar)^2=a^2r^2=a(ar^2)=ac$

故 $b=\pm\sqrt{ac}$

例 題

例 14

$x,4,y,8$ 四數成等比數列,求 x,y 各是多少?

解

考慮前三項 $x,4,y$ 成等比數列 $\Rightarrow 4^2=xy$⋯⋯⋯①

考慮後三項 $4,y,8$ 成等比數列 $\Rightarrow y^2=4\times 8$⋯⋯⋯②

由①②得 $x=2\sqrt{2}$, $y=4\sqrt{2}$

或 $x=-2\sqrt{2}$, $y=-4\sqrt{2}$

隨堂練習 ✏

已知 8, x, 512 成等比數列,則 $x=$?

例 15

數列 $-3, a, b, 27$ 中前三項成等差數列，後三項成等比數列，若 $a, b \in z$，求 a, b 之值。

解

因為前三項成等差數列

所以 $a = \dfrac{-3+b}{2}$ ·········· ①

因為後三項成等比數列

所以 $b^2 = 27a$ ·········· ②

由①②得 $a=3, b=9$ 或 $a=\dfrac{3}{4}, b=\dfrac{9}{2}$（不合，因 $a, b \in z$）

隨堂練習 🖉

已知四個正數 $6, x, y, 16$ 中，前三項成等差數列，後三項成等比數列，求 x, y 各多少？

數學小常識

1. 人有 2 條腿，貓有 4 條腿，昆蟲 6 條腿，蜘蛛 8 條腿；大自然也有等差數列喲！

🔍 隨堂練習 & 練習題解答

練習題

1. 一數列為 $< \dfrac{n+1}{n+2} >$，求前五項分別為多少？

2. 求下列各數列的第 n 項 $a_n =$ ？
   (1) $2, 6, 10, 14, \cdots\cdots$
   (2) $-1, 1, -1, 1, \cdots\cdots$

3. 某數列的第 n 項 $a_n = 2n - 1$，求：
   (1) 前三項
   (2) $a_2 - a_1$
   (3) $a_n - a_{n-1}$

4. 若 x，$2x$，$4x - 3$ 成等差數列，求 $x =$ ？

5. 一等差數列的公差為 6，第 4 項為 20，求首項＝？

6. 在 20 與 100 之間插入 15 個數，使成等差數列，求此數列之第 3 項？

7. 一等差數列 $-48, -44, -40, \cdots\cdots$ 中，自第幾項開始出現正數？

8. 若兩數之積為 72，且這兩數的等差中項為 11，求此兩數？

9. 某人欲建立個人圖書館，自第一天買 1 本書，第二天買 2 本書，第三天買 4 本書，如此逐日倍增，到了第幾天當日買的書會超過 100 本？

10. 等比數列首項為 3，公比為 -2，求第 6 項。

11. 一球自高 1000 公尺處落下，球反彈的高度為前一次落下高度的 1/4，則在第幾次反彈時，其反彈高度會小於 1 公尺？

12. 在 3 跟 x 之間插入 7 個數，使其成為一等比數列，若所插入的第五個數為 96，則 $x =$ ？

13. 自 1 開始之自然數中分別去掉 2、3、5 的倍數，構成一個數列：1, 7, 11, 13, 17,……求此數列的第 100 項。

14. 在 45~1000 的整數中，7 的倍數共有幾個？

15. 設 a, b, c 三正數成等比數列，且 $ab^2c=81$，求 b 的值是多少？

16. 三個整數中，15 為 $2x-1$ 與 $3x+1$ 的等差中項，試求 x 之值？

級　數

Chapter
07

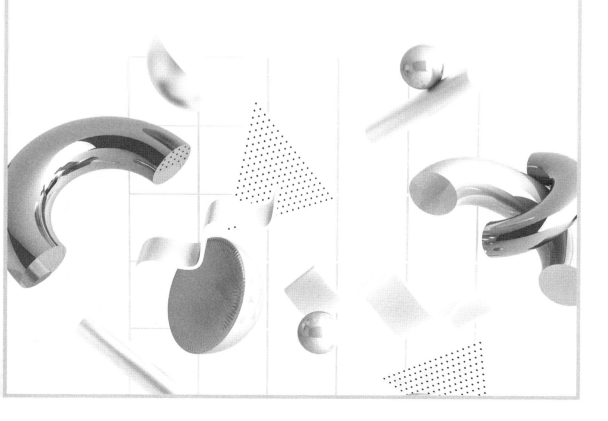

7-1 預備知識

指數及數列。

7-2 級數的意義

前一章談到數列，讀者是否想過把數列中的每一項加起來會變成怎樣？這就是屬於級數問題。

若將一數列$<a_n>$的各項依次相加，則所成式子如下：

$$a_1 + a_2 + a_3 + a_4 + a_5 + \cdots\cdots$$

我們稱此式子為「級數」。假如$<a_n>$為有限數列，則從首項加至末項的式子稱為「有限級數」；假如$<a_n>$為無窮數列，則從首項加至無窮大項的式子稱為「無窮級數」，級數的符號說明如下所示：

有限級數 $\displaystyle\sum_{k=1}^{n} a_k = a_1 + a_2 + a_3 + \cdots\cdots + a_n$

無限級數 $\displaystyle\sum_{k=1}^{\infty} a_k = a_1 + a_2 + a_3 + \cdots\cdots + a_n + \cdots\cdots$

符號$\sum$表示「和」的意思，讀成 Sigma

符號∞表示「無限大」的意思，讀成無限大

例 1

逐項展開下列各級數：

(1) $\displaystyle\sum_{k=1}^{5} \frac{1}{k}$

(2) $\displaystyle\sum_{k=1}^{3} k^2$

(3) $\displaystyle\sum_{k=1}^{\infty} k$

解

(1) $\displaystyle\sum_{k=1}^{5} \frac{1}{k} = \frac{1}{1} + \frac{1}{2} + \frac{1}{3} + \frac{1}{4} + \frac{1}{5}$

(2) $\displaystyle\sum_{k=1}^{3} k^2 = 1^2 + 2^2 + 3^2 = 1 + 4 + 9$

(3) $\displaystyle\sum_{k=1}^{\infty} k = 1 + 2 + 3 + 4 + 5 + \cdots\cdots$

隨堂練習

逐項展開下列各級數：

(1) $\displaystyle\sum_{k=1}^{4} (3k + 2)$

(2) $\displaystyle\sum_{k=2}^{5} (2k)$

例 2

將下列各級數以 Σ 符號表示：

(1) $1 + \dfrac{1}{2} + \dfrac{1}{4} + \dfrac{1}{8} + \dfrac{1}{16}$

(2) $\dfrac{1}{7} + \dfrac{2}{7^2} + \dfrac{3}{7^3} + \dfrac{4}{7^4}$

(3) $1 + 2x + 3x^2 + 4x^3 + 5x^4 + 6x^5$

解

(1) $1 + \dfrac{1}{2} + \dfrac{1}{4} + \dfrac{1}{8} + \dfrac{1}{16} = \dfrac{1}{2^0} + \dfrac{1}{2^1} + \dfrac{1}{2^2} + \dfrac{1}{2^3} + \dfrac{1}{2^4}$

$\qquad\qquad\qquad\qquad\qquad = \dfrac{1}{2^{1-1}} + \dfrac{1}{2^{2-1}} + \dfrac{1}{2^{3-1}} + \dfrac{1}{2^{4-1}} + \dfrac{1}{2^{5-1}}$

$\qquad\qquad\qquad\qquad\qquad = \sum\limits_{k=1}^{5} \dfrac{1}{2^{k-1}}$

(2) $\dfrac{1}{7} + \dfrac{2}{7^2} + \dfrac{3}{7^3} + \dfrac{4}{7^4} = \sum\limits_{k=1}^{4} \dfrac{k}{7^k}$

(3) $1 + 2x + 3x^2 + 4x^3 + 5x^4 + 6x^5$

$\quad = 1 \times x^{1-1} + 2 \times x^{2-1} + 3 \times x^{3-1} + 4 \times x^{4-1} + 5 \times x^{5-1} + 6 \times x^{6-1}$

$\quad = \sum\limits_{k=1}^{6} k \times x^{k-1}$

隨堂練習 ✎

將下列各級數以 Σ 符號表示：

(1) $2 + 4 + 6 + \cdots\cdots$

(2) $1 \times 2 + 2 \times 3 + 3 \times 4 + \cdots\cdots$

7-3 等差級數

在西元 1777 年於德國誕生了一位著名的數學家高斯 (Gauss, 1777~1855)，其小小年紀即已顯現不平凡的智慧，例如在他小學時代，老師出了一道難題 $1+2+3+\cdots\cdots+100=?$，本來老師心想學生可能會做很久，沒想到高斯卻馬上解出答案為 5050。以下讓我們看看高斯的解題過程：

高斯發現 $1+100=2+99=3+98=\cdots\cdots=100+1=101$

故 $1+2+3+\cdots\cdots+100=50(101)=5050$

這個方法就是現在我們求等差級數和的公式，接下來我們將進一步討論。

若將等差數列 $<a_n>$ 中前 n 項依序相加列出的式子 $a_1+a_2+a_3+\cdots\cdots+a_n$ 叫做「等差級數」，若以 S_n 表示這個級數的和，即 $S_n=a_1+a_2+a_3\cdots\cdots+a_n$，則

$$S_n=\frac{n}{2}[2a_1+(n-1)d]=\frac{n}{2}[a_1+a_n]$$

其證明如下：

設一等差數列 $<a_n>$ 首項為 a_1，公差為 d

則前 n 項之和 $S_n=a_1+a_2+a_3\cdots\cdots+a_n$

$$\Rightarrow S_n=a_1+(a_1+d)+(a_1+2d)+\cdots\cdots+[a_1+(n-1)d]\cdots\cdots\cdots①$$

將上式前後順序對調可得

$$S_n=[a_1+(n-1)d]+[a_1+(n-2)d]+\cdots\cdots+(a_1+d)+a_1\cdots\cdots\cdots②$$

①＋②可得

$$2S_n = \underbrace{[2a_1+(n-1)d]+[2a_1+(n-1)d]+\cdots\cdots+[2a_1+(n-1)d]}_{\text{共}n\text{項}}$$

$$= n[2a_1+(n-1)d]$$

所以 $S_n = \dfrac{n}{2}[2a_1+(n-1)d]$

又 $\quad a_n = a_1+(n-1)d$

故

$$S_n = \frac{n}{2}[2a_1+(n-1)d]$$

$$= \frac{n}{2}[a_1+a_1+(n-1)d]$$

$$= \frac{n}{2}[a_1+a_n]$$

例題

例 3

一等差級數首項是 6，公差是 3，項數是 10，求級數和？

解

$$S_{10} = \frac{10}{2}[2\times6+(10-1)\times3] = 195$$

隨堂練習 ✏

一表演廳座位共有 10 排，第一排有 20 個座位，往後每排多 2 個座位，表演廳共有多少座位？

例 4

求 $50+45+40+35+30+25+20$ 之和？

解

上式為公差等於 -5 的等差級數

其首項 $a_1=50$，末項 $a_7=20$，項數 $n=7$

所以 $S_7=\dfrac{7}{2}(50+20)=245$

隨堂練習

求 $8+13+18+\cdots\cdots$ 共 11 項之和？第 11 項是多少？

例 5

設一等差級數的首項為 79，末項為 10，和為 1068，求其項數與公差。

解

設項數為 n，公差為 d

則 $\dfrac{n}{2}(79+10)=1068\cdots\cdots\cdots$ ①

$10=79+(n-1)\,d\cdots\cdots\cdots$ ②

由①得 $89n=2136\Rightarrow n=\dfrac{2136}{89}=24$ 代入 $\cdots\cdots\cdots$ ③

得 $10 = 79 + (24 - 1) \times d \Rightarrow -69 = 23d \Rightarrow d = -3$

所以項數為 24，公差為 -3

隨堂練習 ✎

$11 + 22 + 33 + \cdots\cdots = 726$，試求等差數列項數 $n = \underline{\hspace{2cm}}$。

例 題

例 6

對於 6 個遞增的連續整數，如果前 3 個數的和是 27，則後 3 數之和為何？

解

6 個遞增的連續整數可表示為公差為 1 的等差數列

$$a_1, \ a_1 + 1, \ a_1 + 2, \ a_1 + 3, \ a_1 + 4, \ a_1 + 5$$

又前三數之和為 27

故 $a_1 + (a_1 + 1) + (a_1 + 2) = 27 \Rightarrow a_1 = 8$

所以後三數之和為

$$(a_1 + 3) + (a_1 + 4) + (a_1 + 5) = 3a_1 + 12 = 3 \times 8 + 12 = 36$$

隨堂練習 ✎

對於 6 個遞減的連續整數，如果前 3 個數的和是 54，則後 3 數之和為何？

例 7

200 到 400 之間，所有 6 的倍數的和是多少？

解

介於 200 到 400 之間所有 6 的倍數和是

$$204 + 210 + 216 + \cdots\cdots + 396$$

共有 33 項

故級數和 $S_{33} = \dfrac{33}{2}(204 + 396) = 9900$

隨堂練習

100 到 200 之間，所有 3 的倍數的和＝？

例 8

證明 $1 + 2 + \cdots\cdots + (n-1) + n + (n-1) + \cdots\cdots + 2 + 1 = n^2$ 。

解

令 $S_1 = 1 + 2 + \cdots\cdots + (n-1) + n$

$S_2 = (n-1) + \cdots\cdots + 2 + 1$

$S = S_1 + S_2 = 1 + 2 + \cdots\cdots + (n-1) + n + (n-1) + \cdots\cdots + 2 + 1$

則 $S_1 = \dfrac{n}{2}(1+n)$ ， $S_2 = \dfrac{n-1}{2}(n-1+1) = \dfrac{n}{2}(n-1)$

所以 $S = S_1 + S_2 = \dfrac{n}{2}(1+n) + \dfrac{n}{2}(n-1) = \dfrac{n+n^2+n^2-n}{2} = \dfrac{2n^2}{2} = n^2$

得證 $1 + 2 + \cdots\cdots + (n-1) + n + (n-1) + \cdots\cdots + 2 + 1 = n^2$

由例 8 證得 $1 + 2 + \cdots\cdots + (n-1) + n + (n-1) + \cdots\cdots + 2 + 1 = n^2$

可以下圖之方格點加以說明，圖內之方格點之總點數

為 $1+2+3+4+5+6+5+4+3+2+1 = 6^2 = 36$，可用正方形面積

公式加以計算出。

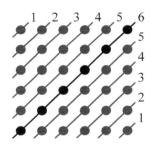

隨堂練習 ✎

$1 + 2 + 3 + \cdots + 49 + 50 + 49 + 48 + 47 + \cdots + 3 + 2 + 1 = ?$

7-4 等比級數

MATHEMATICS

若將等比數列$<a_n>$中前 n 項依序相加，形成的式子 $a_1+a_2+a_3+\cdots a_n$ 叫做「等比級數」。若以 S_n 表示這個級數的和，即 $S_n=a_1+a_2+a_3\cdots\cdots+a_n$ 則

$$S_n=\frac{a_1(1-r^n)}{1-r}=\frac{a_1(r^n-1)}{r-1} \quad （r\neq1\text{時}）$$

或 na_1（$r=1$ 時）

其證明如下：

設一等比數列$<a_n>$首項為 a_1，公比為 r

則前 n 項之和 $S_n=a_1+a_2+a_3\cdots\cdots+a_n$

$$\Rightarrow S_n=a_1+a_1r+a_1r^2+\cdots\cdots+a_1r^{n-1}\cdots\cdots\cdots①$$

將上式各項均乘以 r 可得

$$rS_n=a_1r+a_1r^2+a_1r^3+\cdots\cdots+a_1r^n\cdots\cdots\cdots②$$

①－②可得

$$(1-r)S_n=a_1-a_1r^n=a_1(1-r^n)$$

故 $S_n=\dfrac{a_1(1-r^n)}{1-r}(r\neq1)$

若 $r=1$ 時，代表此等比級數每一項均為 a_1，

故 $S_n=\underbrace{a_1+a_1+a_1+\cdots\cdots+a_1}_{n\text{項}}=na_1$

例 9

求等比級數 $1-3+9\cdots\cdots$ 至第 7 項的和。

解

因首項 $a_1=1$，公比 $r=\dfrac{-3}{1}=-3$，項數 $n=7$

故 1~7 項級數和

$$S_7=\frac{1\times[1-(-3)^7]}{1-(-3)}=\frac{1+2187}{1+3}=\frac{2188}{4}=547$$

隨堂練習 ✎

等比級數 $1-2+4-8+16+\cdots\cdots$ 到第 11 項的和為多少？

例 10

一等比級數的第 2 項為 10，第 5 項為 80，則前多少項的和為 2555?

解

設此等比級數首項為 a_1，公比為 r，前 n 項的和為 2555

因第 2 項為 10，則 $a_2=a_1r^{2-1}=a_1r=10\cdots\cdots\cdots①$

第 5 項為 80，則 $a_5=a_1r^{5-1}=a_1r^4=80\cdots\cdots\cdots②$

② ÷ ① 得 $r^3=8\Rightarrow r=2$

將 $r = 2$ 代入　得 $a_1 = 5$

所以 $\dot{S}_n = \dfrac{5(1 - 2^n)}{1 - 2} = 2555 \Rightarrow 2^n = 512 = 2^9 \Rightarrow n = 9$

故前 9 項的和為 2555

隨堂練習 ✎

一等比級數的第 3 項為 3，第 6 項為 81，求前 5 項的和？

例 題

例 11

$$9 + 99 + 999 + \cdots + \overbrace{9999\cdots\cdots 9}^{n\text{個}} = ?$$

解

$9 + 99 + 999 + \cdots + 9999\cdots\cdots 9$

$= (10 - 1) + (100 - 1) + (1000 - 1) + \cdots + (10^n - 1)$

$= (10 + 100 + 1000 + \cdots + 10^n) - \underbrace{(1 + 1 + 1 + \cdots\cdots + 1)}_{n\text{個}}$

$= \dfrac{10(10^n - 1)}{10 - 1} - n$

$= \dfrac{10}{9}(10^n - 1) - n$

隨堂練習 ✎

$99 + 999 + 9999 + 99999 = ?$

例 12

闊嘴吳買了一根長 4 公尺的甘蔗，每次吃掉所剩餘的 $\frac{1}{2}$，如此吃法，吃了 10 次後，共吃了多少公尺的甘蔗？

解

甘蔗第一次被吃掉 $4 \times \frac{1}{2}$ 公尺

第二次被吃掉 $(4 \times \frac{1}{2}) \times \frac{1}{2} = 4 \times (\frac{1}{2})^2$ 公尺

第三次被吃掉 $[4 \times (\frac{1}{2})^2] \times \frac{1}{2} = 4 \times (\frac{1}{2})^3$ 公尺

$\vdots$

第十次被吃掉 $4 \times (\frac{1}{2})^{10}$ 公尺

故合計被吃掉：

$$4 \times \frac{1}{2} + 4 \times (\frac{1}{2})^2 + 4 \times (\frac{1}{2})^3 + \cdots\cdots + 4 \times (\frac{1}{2})^{10}$$

$$= 4[\frac{1}{2} + (\frac{1}{2})^2 + (\frac{1}{2})^3 + \cdots\cdots (\frac{1}{2})^{10}] = 4 \times \frac{\frac{1}{2}[1 - (\frac{1}{2})^{10}]}{1 - \frac{1}{2}}$$

$$= 4 \times (1 - \frac{1}{1024}) = 3\frac{255}{256} \text{（公尺）}$$

隨堂練習 ✐

某人有米 1600 公斤，第一次賣出所有的一半，第二次賣出剩餘的一半，如此依次賣去剩餘的一半，共賣了 6 次，則共賣去多少公斤？

例題

| 例 13 |

一隻螞蟻要把重物搬運回家，重物與牠的家距離為 2 單位，螞蟻第一次移動 1 單位，第二次移動 $\frac{1}{2}$ 單位，每次移動的距離是前一次的一半，如此移動了 11 次之後，請問牠可把重物搬到家嗎？

解

假設螞蟻移動了 11 次的距離是 S

則 $S = 1 + 1/2 + 1/4 + \cdots\cdots$（合計 11 項）

$$= \frac{1 \cdot (1 - (\frac{1}{2})^{11})}{1 - \frac{1}{2}} = \frac{\frac{2047}{2048}}{\frac{1}{2}} = \frac{2047}{1024} = 1\frac{1023}{1024} < 2$$

該螞蟻自己無法把重物搬到家

隨堂練習 ✐

根據「例 13」，該螞蟻移動幾次之後總移動距離會超過 1.96 單位？

7-5 無窮等比級數

若$<a_n>$為一無窮等比數列，則 $a_1 + a_2 + a_3 + \cdots\cdots + a_n + \cdots\cdots$ 叫做無窮等比級數，我們常用 $\sum\limits_{n=1}^{\infty} a_n$ 表示。

假設公比 $r \neq 1$ 時，此級數前 n 項之和 S_n 為 $\dfrac{a_1(1-r^n)}{1-r}$。

若 $-1 < r < 1$ 時，則當 n 逐漸增大，r^n 會逐漸趨近於 0。以 $r = \dfrac{1}{2}$ 為例，$(\dfrac{1}{2})^1 = \dfrac{1}{2}$，$(\dfrac{1}{2})^2 = \dfrac{1}{4}$，$(\dfrac{1}{2})^3 = \dfrac{1}{8}$，$(\dfrac{1}{2})^4 = \dfrac{1}{16}$，$(\dfrac{1}{2})^5 = \dfrac{1}{32}$ $\cdots\cdots$，如此一直下去，讀者可以想見 $(\dfrac{1}{2})^{\infty}$ 必然趨近於 0。

故在 $n \to \infty$ 且 $-1 < r < 1$ 時

$$S_n = \frac{a_1(1-r^n)}{1-r} \to \frac{a_1(1-0)}{1-r} = \frac{a_1}{1-r}$$

此時無窮等比級數有一定值 $\dfrac{a_1}{1-r}$，即 $a_1 + a_2 + a_3 + \cdots\cdots = \dfrac{a_1}{1-r}$ 我們稱此為「收斂」的無窮等比級數。

若 $r < -1$ 或 $r > 1$ 則當 n 逐漸增大，r^n 會逐漸趨向正或負的無限大，故 $\sum\limits_{n=1}^{\infty} a_n$ 不存在一定值，我們稱此為「發散」的無窮等比級數。

若 $r = 1$，$S_n = na_1$，則當 n 逐漸增大，S_n 趨向正或負的無限大，（視 a_1 之值為正或負而定），故 $\sum\limits_{n=1}^{\infty} a_n$ 不存在一定值，此無窮等比級數也發散。

若 $r = -1$，則 $\sum\limits_{n=1}^{\infty} a_n = a_1 + (-a_1) + a_1 + (-a_1) + \cdots$ 此時我們無法確定 $\sum\limits_{n=1}^{\infty} a_n$ 的值究竟為 0 或 a_1，故 $\sum\limits_{n=1}^{\infty} a_n$ 不存在一定值，此無窮等比級數亦發散。

綜合上述，我們得到下列結論：

1. 當 $-1 < r < 1$ 時，無窮等比級數收斂，且其值為：

$$\sum_{n=1}^{\infty} a_n = a_1 + a_1 r + a_1 r^2 + \cdots\cdots = \frac{a_1}{1-r}$$

2. 當 $r \le -1$ 或 $r \ge 1$ 時，無窮等比級數發散

$$\sum_{n=1}^{\infty} a_n = a_1 + a_1 r + a_1 r^2 + \cdots\cdots \textbf{不存在一定值}$$

例 題

例 14

求下列無窮等比級數和：

(1) $3 + 1 + \dfrac{1}{3} + \cdots\cdots$

(2) $3 + 9 + 27 + \cdots\cdots$

解

(1) 因為公比 $r = \dfrac{1}{3}$，此無窮等比級數收斂

故 $3 + 1 + \dfrac{1}{3} + \cdots\cdots = \dfrac{3}{1 - \dfrac{1}{3}} = \dfrac{9}{2}$

(2) 因為公比 $r = 3$，此無窮等比級數發散

故 $3 + 9 + 27 + \cdots\cdots$ 之值不存在

隨堂練習 ✏️

$$10 + 1 + \frac{1}{10} + \cdots = ?$$

例 15

已知無窮等比級數之和為 8，第二項為 $\frac{-5}{2}$，求此級數。

解

設此級數之首項為 a_1，公比為 r 則

$$\begin{cases} \dfrac{a_1}{1-r} = 8 \cdots \text{①} \\ a_1 r = \dfrac{-5}{2} \cdots \text{②} \end{cases}$$

由①得 $a_1 = 8(1-r)$

代入②得 $8(1-r)r = -\dfrac{5}{2}$

$\Rightarrow 16r^2 - 16r - 5 = 0$

$\Rightarrow (4r-5)(4r+1) = 0$

故 $r = \dfrac{5}{4}$（不合），$-\dfrac{1}{4}$

代入②得 $-\dfrac{1}{4}a_1 = -\dfrac{5}{2}$

故 $a_1 = 10$

所以此級數為

$$a_1 + a_1 r + a_1 r^2 + a_1 r^3 + \cdots = 10 - \frac{5}{2} + \frac{5}{8} - \frac{5}{32} + \cdots$$

隨堂練習 ✐

已知無窮等比級數之和為 40，首項為 8，求公比。

例 題

例 16

試以無窮等比級數的觀念證明，$0.\overline{4} = \dfrac{4}{9}$ 。

解

$$0.\overline{4} = 0.4444\cdots\cdots = 0.4 + 0.04 + 0.004 + 0.0004 + \cdots\cdots$$

故 $0.\overline{4}$ 為一首項 $a_1 = 0.4$，公比 $r = 0.1$ 的無窮等比級數，其值為 $\dfrac{0.4}{1 - 0.1} = \dfrac{0.4}{0.9} = \dfrac{4}{9}$

隨堂練習 ✐

將循環小數 $0.2\overline{3}$ 化為分數。

例 題

例 17

一皮球自離地面 40 公尺高處落下，每次反跳的高度為其落下的 $\dfrac{4}{5}$，試求此皮球自落下到靜止所經過的路程為多少公尺？

解

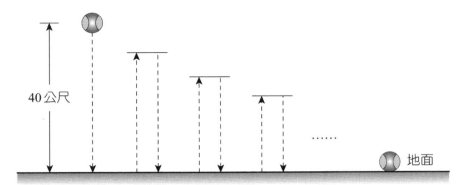

40公尺

地面

第一次落下經過 40 公尺

第二次反跳再落下經過 $2 \times (40 \times \frac{4}{5})$ 公尺

第三次反跳再落下經過 $2 \times [(40 \times \frac{4}{5}) \times \frac{4}{5}]$ 公尺

如此繼續下去，到靜止時所經過之距離和為

$$40 + 2 \times (40 \times \frac{4}{5}) + 2[40 \times (\frac{4}{5})^2] + 2[40 \times (\frac{4}{5})^3] + \cdots\cdots$$

$$= 40 + 2 \times 40 \times [\frac{4}{5} + (\frac{4}{5})^2 + (\frac{4}{5})^3 + \cdots\cdots]$$

$$= 40 + 2 \times 40 \times \frac{\frac{4}{5}}{1 - \frac{4}{5}} = 40 + 320 = 360（公尺）$$

隨堂練習 ✎

一皮球自離地面 10 公尺高處落下，每次反跳的高度為其落下的 $\frac{1}{2}$，試求此皮球自落下到靜止所經過的路程為多少公尺？

數學小常識 ▶

1. 1~9 的魔術排列：（在 1~9 中放入任意的運算）

    (1) $1+2+3+4+5+6+7+8\times9=100$

    (2) $1+2\times3+4+5+67+8+9=100$

    你（妳）可以找出其他的運算方法嗎？

🔍 隨堂練習 & 練習題解答 ────────────────

MEMO

練習題

1. 逐項展開下列各級數：

   (1) $\displaystyle\sum_{k=1}^{3}(2k-1)$

   (2) $\displaystyle\sum_{k=2}^{5}(2k+1)$

   (3) $\displaystyle\sum_{k=1}^{3}\frac{k+1}{k}$

   (4) $\displaystyle\sum_{k=1}^{4}(1-k)$

   (5) $\displaystyle\sum_{k=1}^{\infty}2$

2. 將下列各級數以符號 Σ 表示：

   (1) $5+10+15+20$

   (2) $1+3+9+27+81+243$

   (3) $3\times2+4\times3+5\times4+6\times5+7\times6+8\times7+9\times8$

   (4) $\dfrac{1}{2}+\dfrac{3}{3}+\dfrac{5}{4}+\dfrac{7}{5}+\cdots\cdots$

   (5) $1-1+1-1+\cdots\cdots$

3. (1) $4+7+10+13+\cdots\cdots+301=?$

   (2) $2-4+8-16+\cdots\cdots-1024=?$

4. 若一等差級數共有六項，其和為 87，首項比末項大 25，求首項及公差？

5. 對於 6 個遞增的連續奇數，如果前 3 個數的和是 51，則後 3 個數的和為何？

6. 下列敘述何者正確？（可複選）

  (A) $0+0+0+0+0$ 不是一個等差級數

  (B) 若有一等差數列，將每項都加上 5，則得到的新數列也是等差數列

  (C) 若有一等差數列，將每項都乘以 5，則得到的新數列也是等差數列

  (D) $\dfrac{1}{2}+\dfrac{1}{4}+\dfrac{1}{6}+\dfrac{1}{8}+\dfrac{1}{10}$ 是一個級數，但不是等差級數

7. 一等比級數的首項為 2，公比為 3，和是 2186，則此等比級數共有幾項？

8. 若某人有繩子長 2048 公尺，每次截去所剩的 $\dfrac{1}{2}$，依此截法，試求截了 8 次後，繩子還剩多少公尺？

9. 某人參加優惠存款年利率為 10%，複利計算，若每年年初均存入 5 萬元，則到第三年年底共獲利多少？

10. 求下列無窮等比級數和：

  (1) $2+\dfrac{1}{5}+\dfrac{1}{50}+\cdots\cdots$

  (2) $10-5+\dfrac{5}{2}-\cdots\cdots$

11. 試以無窮等比級數的觀念證明 $0.3\overline{6}=\dfrac{11}{30}$。

12. 一皮球自離地面 30 公尺高處落下，每次反跳之高度為其落下的 $\dfrac{1}{3}$，則此球自落下到靜止時，所經過之總路程為多少公尺？

13. 某人欲建立個人圖書館，自第一天起買 4 本書，第二天買 7 本書，第三天買 10 本書，如此逐日遞增，到第幾天其圖書館藏書會超過 1000 本？

14. 小若將等差數列 2, 5, 8, 11, 14,……，從第一項開始，按順序由左而右，由上而下依次填入如下圖階梯方格中：

    (1) 第一層到第十層共有幾個數字？

    (2) 第一層到第十層所有數字的和為多少？

15. 在 -7 與 17 之間插入 m 個數，使其為等差數列，若此等差數列的和為 120，則 $m=$?

16. 設一等比級數共有 9 項，首項為 3，和為 1533，今將此級數的每一項都加 5，而得一新級數，則此新級數的和為多少？

17. 求級數：$1\dfrac{1}{2}+2\dfrac{1}{4}+3\dfrac{1}{8}+\cdots\cdots+10\dfrac{1}{1024}+11\dfrac{1}{2048}$ 的和為多少？

排列與組合

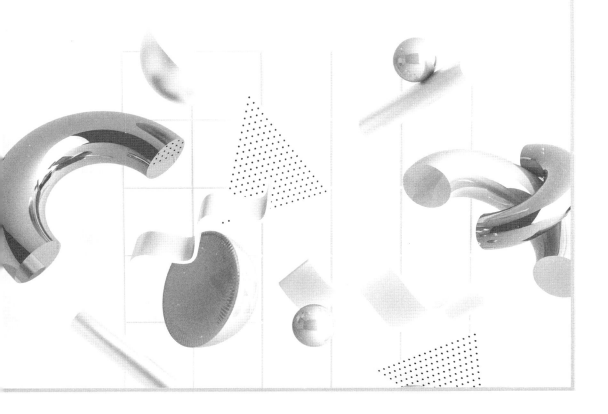

8-1 預備知識

1. 基本的加減乘除運算。

2. 選擇權。

預備知識：＜選擇權＞

　　選擇權一般分成 2 種，一種是單一選擇權，另一種是可重複選擇權；我們以一個例子來說明之。

例 題

例 1

　　今有 5 位觀眾參加某電視節目，如果製作單位規定，每次只能有一位觀眾拿獎品，而且拿完不補，你（妳）會發現第一位觀眾最好，他（她）的選擇最多，越後面的觀眾，選擇機會越少，最後一位最可憐，只能挑剩下的。這就是單一選擇權，因為它不能重複選，所以機會越來越少。

　　但如果製作單位，讓每位觀眾都有相同的選擇權（即獎品若被前一名觀眾拿走，就再補一份），如此便是重複選擇權，每個人都可以面對相同數量及種類的獎品，第一位觀眾的選擇機會和最後一位觀眾的機會是相同的。

隨堂練習

　　益智問答：男（女）朋友的選擇屬於單一選擇權還是重複選擇權？

8-2 排列與組合之異同

MATHEMATICS

1. 相異

　　排列著重「順序」（位置）關係，而組合則著重「取拿」的數量及方式。

2. 相同

　　都是從一群物或人中，抽取部分，進行排列或組合。

8-3 排　列

MATHEMATICS

　　由上節已知排列著重排放的位置間的關係；以下分別介紹排列的意義，計數原則及排列分類及計算方法。

8-3-1 排列的意義

　　從 n 件事物中，選取 m 件，並排定順序。

8-3-2 計數的原則

1. 乘法原理

　　如果做完一件事須「k 個步驟」：而第一步驟有 n_1 個方法，第二個步驟有 n_2 個方法，…，第 k 個步驟有 n_k 個方法，則完成這件事的方法共有 $n_1 \times n_2 \times n_3 \times \cdots \times n_k$。

> **例 2**
>
> 系學會是由甲、乙兩班同學各推派一人,擔任召集人,則召集人有多少種推派可能?(已知甲班 48 人,乙班 64 人)
>
> **解**
>
> 甲、乙各派一人;即甲班推派 1 人,乙班也推派一人,所以甲班先推派,乙班再推派,需經過 2 個步驟;今甲班 48 人都有可能被推派,乙班 64 人也都有可能被推派所以共有 48×64 種推派可能。

隨堂練習

(1) 狡兔三窟,若兔子挖了三個洞,洞底相通,現在兔子從其中一個洞鑽進去,再從另一個洞鑽出來的方法有多少種?

(2) 搭臺灣高鐵遊臺灣,從南港到左營共 12 站,請試計算共有多少種不同進出站的旅遊模式?

2. 加法原理

如果做完一件事,可以有「k 種選擇」:而第一種選擇有 n_1 個方法,第二種選擇有 n_2 個方法,⋯,第 k 種選擇有 n_k 種方法,則完成這件事的方法共有 $n_1 + n_2 + n_3 + \cdots + n_k$。

例題

例 3

如果系學會的召集人，改成由甲、乙兩班中推派 1 人擔任，則召集人有多少種推派可能？（甲班 48 人、乙班 64 人）

解

召集人只有 1 人，必須從甲班或乙班中選出一人擔任；所以我們有 2 種選擇，今甲班 48 人、乙班 64 人，所以有 48 + 64 種推派可能。

隨堂練習

小崴從臺北要到高雄，有陸海空三種方式可到，陸運有 4 種交通工具可搭，海運有 3 種交通工具可搭，空運有 2 種交通工具可搭，則小崴共有多少種交通工具可搭？

8-3-3　排列的分類

1. 直線排列

第一類：待排元素均不相同，且不可重複選取。

第二類：待排元素有相同型式，且不可重複選取。

第三類：可以重複選取。

2. 環形排列

環形排列＝直線排列／待排位置

8-3-4 計算方法

例 題

例 4

1, 2, 3, 4, 5, 6, 7 共 7 個數字，7 個全取排列成 7 位數，數字不得重複，問有多少種 7 位數？

解

由題意知，本題為直線排列，第一類：

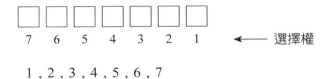

1 , 2 , 3 , 4 , 5 , 6 , 7

∴ 7×6×5×4×3×2×1種 7 位數。

隨堂練習

3, 5, 7 共 3 個數字，3 個全取排列成 3 位數，數字不得重複，問有多少種 3 位數？

例 題

例 5

1, 2, 3, 4, 5, 6, 7 共 7 個數字，任取 2 個，排列成 2 位數，數字不得重複，問有多少種 2 位數？

解

數字不相同，不可重複選取，屬直排第一類；

7　6　← 選擇權

1 , 2 , 3 , 4 , 5 , 6 , 7

∴ 7×6 = 42 種 2 位數。

隨堂練習 🖊

1, 3, 5, 7 共 4 個數字，任取 3 個，排列成 3 位數，數字不得重複，問有多少種 3 位數？

例題

例 6

0, 1, 2, 3, 4 共 5 個數字，任取 3 個，排列成 3 位數，數字不得重複，問有多少種 3 位數？

解

數字不相同，且不可重複選取，屬直排第一類；

5　4　3　← 選擇權

0 , 1 , 2 , 3 , 4

∴有 5×4×3 種。

但百位數不得為零（即 $\boxed{0}$ $\boxed{?}$ $\boxed{?}$ 必須扣除）。

$\boxed{0}$ $\boxed{}$ $\boxed{}$

　　　4　　3　　◀── 選擇權

　　1 , 2 , 3 , 4

∴必須扣除 $4 \times 3 = 12$ 種。

所以有 $5 \times 4 \times 3 - 12 = 48$ 種 3 位數。

隨堂練習 🖋

0, 1, 2, 3, 4, 5 共 6 個數字，任取 4 個，排列成 4 位數，數字不得重複，問有多少種 4 位數？

例 題

例 7

1, 1, 2, 3, 4 共 5 個數字，五個全取，排成 5 位數，但同一個數字不得重複選取，問有多少種 5 位數？

解

由題意知，數字有相同，不可重複選，屬第二類直線排列；

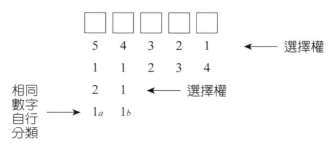

　　　$\boxed{}$ $\boxed{}$ $\boxed{}$ $\boxed{}$ $\boxed{}$

　　　5　4　3　2　1　　◀── 選擇權

　　　1　1　2　3　4

相同
數字 ⟶ 　2　1　　◀── 選擇權
自行　　 $1a$　$1b$
分類

因為 $\big|_a \big|_b$ 234 及 $\big|_b \big|_a$ 234 是完全相同的排列，所以我們共有 $\dfrac{5 \times 4 \times 3 \times 2 \times 1}{2 \times 1}$ 種 5 位數。

隨堂練習 🖊

2, 2, 2, 3, 3 共 5 個數字，5 個全取，排成 5 位數，但同一個數字不得重複選取，問有多少種 5 位數？

例 題

例 8

1, 1, 2, 3, 4, 5, 5 共 7 個數字，7 個全取，排成 7 位數，但同一個數字不得重複選取，問有多少種 7 位數？

解

由題意知，數字有相同，不可重複選，屬第二類直線排列；

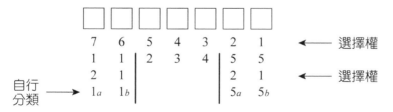

$\therefore \dfrac{7 \times 6 \times 5 \times 4 \times 3 \times 2 \times 1}{2 \times 1 \ \times \ 2 \times 1}$ 種 7 位數。

隨堂練習 ✐

(1) 3，3，4，4 共 4 個數字，4 個全取，排成 4 位數，但同一個數字不得重複選取，問有多少種 4 位數？

(2) ○○╳╳等 4 個符號全取，共可排出多少變化？

例 9

1, 2, 3, 4, 5, 6, 7 共 7 個數字，欲組成 3 位數，可以重複選取，問有多少種三位數？

解

由題意知，它是直排第三類；即每個選擇權都相等

$$7 \quad 7 \quad 7 \quad \longleftarrow \text{選擇權}$$

$$1 , 2 , 3 , 4 , 5 , 6 , 7$$

∴ 7×7×7種三位數。

隨堂練習 ✐

2, 3, 4, 5, 6 共 5 個數字，欲組成 3 位數，可以重複選取，問有多少種三位數？

例 10

0~9 共 10 個數字，任取四個，構成你（妳）郵局或銀行的密碼，問共有多少組密碼可以提供民眾使用？

解

一般生活常用的例子，皆屬直線排列第三類；是可以重複選的

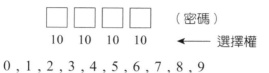

$\therefore$ 共有 $10 \times 10 \times 10 \times 10 = 10000$ 組密碼，可以提供民眾使用

隨堂練習 ✎

某網路密碼由 0~9 與 26 個英文字母當中任取 5 個組成，則該網路密碼共有多少組？（本題列式即可）

例 11

今有 5 個病人，現有 4 種療效相同的藥劑（但每位病人只能用一種藥），問共有多少種給藥方式？

解

屬直線排列，第三類；

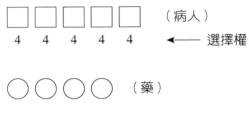

∴共有 4×4×4×4×4種給藥方式。

隨堂練習 ✐

今有 2 個病人，現有 3 種療效相同的藥劑（但每位病人只能用一種藥），問共有多少種給藥方式？

例 題

例 12

甲、乙、丙、丁四人圍著圓桌而坐，問有多少種不同的坐法？

解

依題意，它是環形排列；如果有以下的圍坐方式，

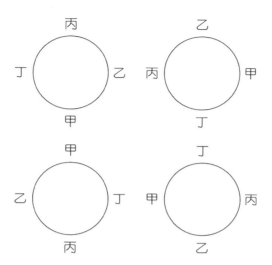

以上四種方式乍看不同，其實只是大夥兒逆時針轉一圈罷了，
待排位置有四個恰好四次回到原位，因此以上四種方式其實是
相同的。

　　所以當我們計算環形排列時，可以直接用直線排列數來
協助計算，但要留心扣除等質情形；

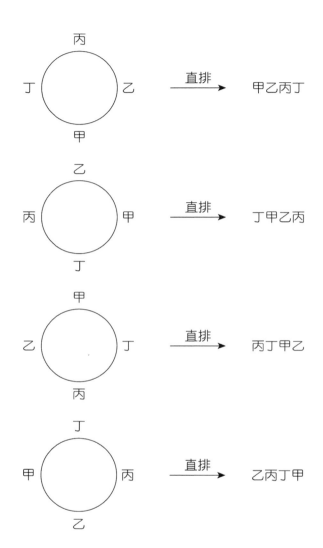

∴環形排列＝直線排列／待排位置。

其中，直線排列＝4×3×2×1；待排位置＝4。

所以，環形排列的圍坐方式共有 $\dfrac{4 \times 3 \times 2 \times 1}{4} = 3 \times 2 \times 1$ 種。

隨堂練習 ✎

甲、乙、丙、丁、戊共 5 人圍著圓桌而坐，問有多少種不同的坐法？

例題

例 13

用紅、黃、白、藍塗右圖正四邊形的格子，問有多少種圖案？（顏色不能重複選）

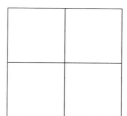

解

視為環形排列：圖案共有 $\dfrac{4 \times 3 \times 2 \times 1}{4}$ 種

隨堂練習 ✎

用紅、黃、黑、白、藍、紫等 6 色塗右圖的格子，問有多少種圖案？（顏色不能重複選）

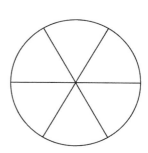

例 14

8 人選 5 人圍桌而坐，問有多少種不同的坐法？

解

待排位置　5個位置

直排 →

待排元素　8人

$\therefore$共有不同坐法 $\dfrac{8\times 7\times 6\times 5\times 4}{5}$ 種

隨堂練習

7 人選 4 人圍桌而坐，問有多少種不同的坐法？

例 題

例 15

白、紅、黃、綠、藍、黑，6 種顏色，去塗下列正四邊形，問有多少種不同的圖案？（顏色不能重複選）

解

待塗位置　4格

直排 →

待塗元素有6種顏料

∴共有不同圖案 $\dfrac{6 \times 5 \times 4 \times 3}{4}$ 種

隨堂練習 🖉

用 8 種顏色塗右圖的格子，問有多少種圖案？（顏色不能重複選）

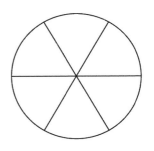

8-4　組　合

著重「取拿」的方式及數量，不考慮「順序」關係。

8-4-1　組合的意義

從 n 件事件中選取 m 件出來組合，不計順序，只考慮取用的量。

8-4-2　組合的分類及使用公式

1. $n!$唸作 n 階乘

$n! = n \times (n-1) \times (n-2) \times \cdots\cdots 1$，且 $0!$定義為 1。

例 題

例 16

$3! = 3 \times 2 \times 1$

$7! = 7 \times 6 \times 5 \times 4 \times 3 \times 2 \times 1$

$10! = 10 \times 9 \times 8 \times 7 \times 6 \times 5 \times 4 \times 3 \times 2 \times 1$

隨堂練習 ✏️

(1) $\dfrac{8!}{6!} = ?$

(2) $\dfrac{5!}{3!2!} = ?$

2. 一般組合

n 件事物中，抽 m 件來組合，公式如下：（抽出不放回）。

$$C_m^n = \frac{n!}{m!(n-m)!} \quad \text{（假設 } n \text{ 件事物皆不同）}$$

3. 重複組合

n 件事物中，抽 m 件來組合，但物件可以重複使用（抽出後放回），公式如下：

$$C_m^{n+m-1} = \frac{(m+n-1)!}{m!(n-1)!} \quad \text{（假設 } n \text{ 件事皆不同）}$$

例題

例 17

10 名運動員遴選 5 人，充任選手，問有多少種選法？

解

$$C_5^{10} = \frac{10!}{5!(10-5)!} = \frac{10!}{5!\ 5!}$$

$$= \frac{10\times9\times8\times7\times6\times5\times4\times3\times2\times1}{5\times4\times3\times2\times1\times5\times4\times3\times2\times1}$$

$$= \frac{10\times9\times8\times7\times6}{5\times4\times3\times2\times1}$$

隨堂練習 ✏️

從 10 人選出 2 員公差，問有多少種選法？

例題

例 18

由 10 名男生及 8 名女生中選出 7 人組成委員會，但規定其中男女至少各 3 人，問有多少種選法？

解

由規定可知，7 人委員會有 2 種可能：①4♀3♂ ②4♂3♀；前面我們提過加法原理及乘法原理，在此可以用上：

Case1：4♀3♂

$C_{4♀}^{8♀} \times C_{3♂}^{10♂}$（即先從 8 名女生中抽選 4 名女生，然後再從 10 名男生中抽選 3 名男生）

Case2：4♂3♀

$C_{4♂}^{10♂} \times C_{3♀}^{8♀}$（即先從 10 名男生中抽選 4 名男生，然後再從 8 名女生中抽選 3 名女生）

因為以上兩種情形都成立，所以有 $C_4^8 \times C_3^{10} + C_4^{10} \times C_3^8$ 種選法。

隨堂練習 ✏️

(1) 從 3 個男生，4 個女生當中選出一個 3 人的委員會，但規定女生至少 1 人，問有多少種選法？

(2) 從 3 個男生，4 個女生當中選出一個 3 人的委員會，但不規定委員性別，問有多少種選法？

例 19

平面上共有六個點，任三點不共線，共可決定多少條直線？
多少個三角形？

解

(1) 因兩點可決定一直線
故直線有 $C_2^6 = 15$ （條）

(2) 因三點可決定一個三角形
故三角形有 $C_3^6 = 20$ （個）

隨堂練習 ✐

平面上共有 5 個點，任 3 點不共線，共可決定多少條直線？
多少個四邊形？

例 20

某班 7 位同學去吃冰，目錄上有 5 種冰品可供選擇，如果每
位同學只點一種，問有多少種不同的點法？

解

這題是 5 取 7 重複組合；所以共有

$$C_7^{5+7-1} = C_7^{11} = \frac{11!}{7!(11-7)!} \text{，共有 } \frac{11!}{7!4!} \text{ 種點冰的組合。}$$

隨堂練習

2 個人去快餐店，那裡有 4 種快餐供選擇，每人各點一種快餐，問店員拿出快餐的方法有幾種？

例題

例 21

(1) 3 個相同的球，任意放入 2 個不同的箱子，有多少種放法？

(2) 3 個不同的球，任意放入 2 個不同的箱子，有多少種放法？

解

(1) 此為 2 取 3 重複組合，故共有 $C_3^{3+2-1} = C_3^4 = 4$（種）方法

(2) 此為重複排列，故共有 $2 \times 2 \times 2 = 2^3 = 8$（種）方法

隨堂練習

(1) 5 件相同的玩具，分給甲乙兩人，則分法有幾種？

(2) 某地共有 4 家飯店，今有甲乙兩人欲投宿至此地之飯店，試問共有幾種投宿法？

數學小常識

	123456789	1
	12345678	21
	1234567	321
	123456	4321
	12345	54321
	1234	654321
	123	7654321
	12	87654321
+	1	987654321
	1083676269	1083676269

随堂練習 & 練習題解答

練習題

EXERCISE

1. 2, 4, 6，共三個數字，3 個全取，排成 3 位數，數字可以重複，問有多少種 3 位數？

2. 2, 4, 6，共三個數字，3 個全取，排成 3 位數，數字不可以重複，問有多少種 3 位數？

3. 自 0, 1, 2, 3, 4, 5 中取三個數字排成三位數，數字可重複選，有多少不同的三位數？

4. 2, 4, 6, 8, 0，共 5 個數字，任取 3 個出來排列，數字不得重複，問有多少種 3 位數？

5. a, a, b, b, c, c，共 6 個英文字母，6 個全取，共有多少種排列方式？（同一字母不可重複選）

6. a, b, b, b, c, c, d，共 7 個字母，7 個全取，但 a 不能放在第一個字母，問有多少種排列方式？（提示：扣除第一個字母為 a 的排列方式）

7. 「今朝有酒今朝醉」七個字任意排列，共有多少種排列方法？

8. 如下圖之棋盤狀道路，一人欲從甲地走捷徑至乙地，共有多少條捷徑可選擇？

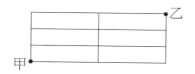

9. 如果郵局或銀行的密碼組數想提高，改成 8 碼，請問可以提供多少組密碼，供民眾選用？

10. 自 *A*、*U*、*G*、*C* 四個字母中取三個字母排成密碼，字母可重複選，有多少不同的密碼？（註：人類遺傳密碼即按照本題說明之方式排列）

11. 10 位同學玩團康遊戲，必須派 5 個同學圍成圈圈，問有多少種坐法？

12. 用紅，橙，黃，綠，藍，靛，紫的顏料，共 7 種顏色，塗下面的正六邊形，問共有多少種不同圖案？（顏色不能重複選）

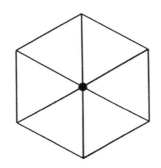

13. 基隆到臺北共有 10 站，問鐵路局的售票，備有幾種不同的起迄站車票？（註：火車是電車，南向北及北向南往返行駛的）

14. 10 名同學遴選 4 名，充任公差，問有多少種選法？

15. 從 4 個男生，3 個女生選出一個五人的委員會，規定男女生至少各有 2 人，問有多少種選法？

16. 若有 10 位選手參加某桌球單打比賽，規定每位選手必須和所有其他選手各比賽一場，則賽程總計會有多少場比賽？

17. 好朋友一行人 3 人去 SOGO 用餐，目錄上有 6 種套餐可以挑選，問服務生上菜有多少種組合方式？

18. 7 枝相同的筆要分給甲、乙、丙三人，有多少種分法？

19. 有 4 個好友去看電影，座位排在一列，但其中有 1 對男女朋友一定要相鄰，共有多少種坐法？

20. 四對夫婦圍圓桌而坐，求下列坐法：

    (1) 任意坐

    (2) 夫婦相鄰

MEMO

集 合

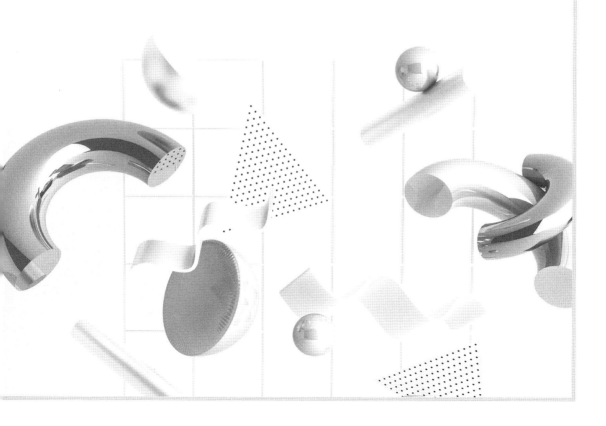

9-1 預備知識

數系。

9-2 認識集合

「集合」是指一群因某種特性而在一起的整體，我們就可以稱該整體為一集合。例如：一個國家、一家公司、一個社團、一個家庭等，在數學中通稱為一種集合。「集合」是由德國數學家康德(Cantor)所創，至今不過一百年左右。集合在數學領域中占了極重要的地位，特別是集合的概念與符號提供數學學習研究的方便。

一個國家的國民、一家公司的員工、一個社團的社員、一個家庭的家人，一個班級的同學等都可以組成一集合，而每一集合的組成分子便稱為此集合的「元素」。例如：員工、社員、家人、同學為其集合的元素。

9-3 集合的分類

依集合的元素個數來分類，集合可分為空集合，有限集合與無限集合。分別說明如下：

1. 空集合

一空集合就是該集合為不包括任何元素的集合；並以符號 ϕ 表示之。

2. 有限集合

一有限集合就是該集合中的元素為可數得幾個元素的集合。

3. 無限集合

一無限集合就是該集合中的元素有無限多個的集合。

另外尚有一種特別的集合叫做「宇集合」，意思是指我們討論的主題中所有可能發生的結果所形成的集合，常以符號「U」表示，主題中其他的小集合均包含在此宇集合內。

9-4 集合的符號

MATHEMATICS

一般而言我們都以字母 A、B、C、D……等表示集合，並將集合中的元素列在大括號內；例如集合 A 中有元素 a、b、c、d、e、f，我們記為

$$A = \{a, b, c, d, e, f\}$$

但若一集合有條件限制，我們會在 { } 中加入「｜」，再在其後列寫限制條件；例如：一集合 A 其中元素為大於-3 且小於 6 的實數，我們將之記為

$$A = \{x \mid -3 < x < 6, x \in R\} \text{ 其中符號「} \in \text{」念為「屬於」}$$

又 $B = \{1, 2, 3, 4\}$；$1 \in B, 2 \in B, 3 \in B, 4 \in B$；但是 $5 \notin B$；其中「$\notin$」稱為「不屬於」。

若有兩集合 A、B，我們稱 A 集合為 B 集合之部分集合，亦就是說 A 集合的元素都為 B 集合的元素，我們通常以「$A \subset B$」記之，念為「A 包含於 B」。且若 $A \subset B$ 且 $B \subset A$ 則 $A = B$。

1. 聯集

　　將兩集合的所有元素都放在一起而且元素不重複所成之集合即稱為此兩集合的聯集。

　　兩集合 A、B 的聯集，符號記做「$A \cup B$」，如圖 9-1 所示斜線部分：

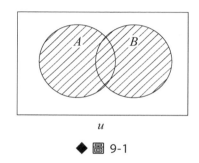

u

◆ 圖 9-1

例 題

例 1

$A = \{1,\ 3,\ 5,\ 7,\ 9\}$

$B = \{2,\ 4,\ 5,\ 6,\ 7,\ 8\}$

試求 $A \cup B$。

解

將 A、B 兩集合所有元素放在一起且不重複

則 $A \cup B = \{1,\ 2,\ 3,\ 4,\ 5,\ 6,\ 7,\ 8,\ 9\}$

隨堂練習 ✏

$A = \{2,4,6\}, B = \{4,6,8\}$，試求 $A \cup B$。

例 題

例 2

$$A = \{x \mid -3 < x \le 1\}$$
$$B = \{x \mid -1 < x < 2\}$$

試求 $A \cup B$。

解

$A \cup B = \{x \mid -3 < x < 2\}$

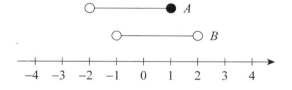

隨堂練習 ✏

$A = \{2 < x < 6\}, \quad B = \{4 < x < 8\}$，試求 $A \cup B$。

2. 交集

將兩集合中的相同元素都放在一起所成之集合，即稱為此兩集合的交集。

　　兩集合 A、B 的交集，符號記做「$A \cap B$」，如圖 9-2 所示斜線部分：

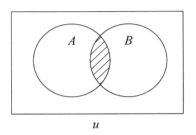

◆ 圖 9-2

例題

例 3

　　$A = \{1, 3, 5, 7, 9\}$

　　$B = \{2, 4, 5, 6, 7, 8\}$

　　試求 $A \cap B$。

解

　　將 A、B 兩集合相同的元素放在一起

　　則 $A \cap B = \{5, 7\}$

隨堂練習

　　$A = \{2, 4, 6\}, B = \{4, 6, 8\}$，試求 $A \cap B$。

例 4

$$A = \{x \mid -3 < x < 1\}$$
$$B = \{x \mid -1 < x \le 3\}$$

試求 $A \cap B$。

解

$$A \cap B = \{x \mid -1 < x < 1\}$$

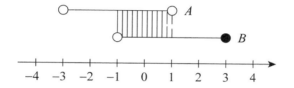

隨堂練習

$A = \{2 < x < 6\}$，$B = \{4 < x < 8\}$，試求 $A \cap B$。

3. 差集

將兩集合中若元素屬於集合 A 但不屬於集合 B，即稱這些元素所成之集合稱為 A、B 的差集。

兩集合 A、B 的差集，符號記做「$A - B$」，如圖 9-3 所示斜線部分：

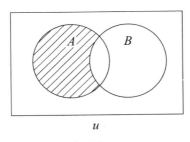

u

◆ 圖 9-3

例題

例 5

$A = \{1, 3, 5, 7, 9\}$

$B = \{2, 4, 5, 6, 7, 8\}$

試求 $A - B$。

解

元素屬於 A 集合但不屬於 B 集合

則 $A - B = \{1, 3, 9\}$

隨堂練習

$A = \{2, 4, 6\}, B = \{4, 6, 8\}$，試求：

(1) $A - B$

(2) $B - A$

例 6

$$A = \{x \mid -3 < x < 1\}$$
$$B = \{x \mid -1 < x \le 3\}$$

試求 $A - B$ 。

解

$$A - B = \{x \mid -3 < x \le -1\}$$

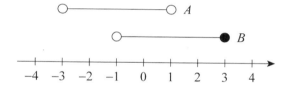

隨堂練習

$A = \{2 < x < 6\}$，$B = \{4 < x < 8\}$，試求：

(1) $A - B$

(2) $B - A$

4. 補集

若一集合中的元素屬於宇集合 U，但不屬於 A 集合，則稱此集合為 A 的補集，符號記作「$\overline{A}$」。如圖 9-4 所示斜線部分：

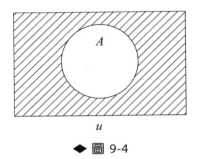

◆ 圖 9-4

例 7

宇集合 $U = \{ x \mid -3 < x < 3 \}$

集　合 $A = \{ x \mid -1 \leq x \leq 2 \}$

試求 $\overline{A}$。

解

$\overline{A} = \{ x \mid -3 < x < -1,\ 2 < x < 3 \}$

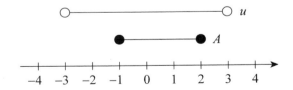

隨堂練習

$A = \{2 < x < 6\}$，$U = \{0 < x < 8\}$，試求 $\overline{A}$。

例題

例 8

某班人數 50 人，在期末考時，英文及格有 40 人，數學及格有 30 人，兩科都及格有 25 人，則兩科都不及格有幾人？

解

設以 A 集合代表英文及格的人所成的集合

　以 B 集合代表數學及格的人所成的集合

　以宇集合 U 代表全班 50 人所成的集合

則三集合之間的關係如下圖所示

由下圖中斜線部分可知兩科都不及格有 5 人

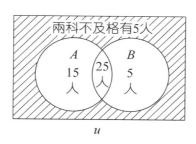

u

隨堂練習

某班人數 60 人，在期末考時，英文不及格有 26 人，數學不及格有 22 人，兩科都不及格有 10 人，求：

(1) 英文及格但數學不及格的人數為幾人？

(2) 至少一科不及格的人數為幾人？

(3) 兩科都及格的人數為幾人？

(4) 數學及格但英文不及格的人數為幾人？

 數學小常識

1. 數字的旋律

$$11 \times 11 = 121$$

$$111 \times 111 = 12321$$

$$1111 \times 1111 = 1234321$$

$$11111 \times 11111 = 123454321$$

$$111111 \times 111111 = 12345654321$$

$$1111111 \times 1111111 = 1234567654321$$

 隨堂練習 & 練習題解答

練習題

1. $A = \{1, 3, 8, 9\}$

   $B = \{2, 4, 6, 7, 8\}$

   試求 $A \cup B$, $A \cap B$, $A - B$, $B - A$。

2. $A = \{x \mid -3 \leq x < 1\}$

   $B = \{x \mid -1 \leq x \leq 3\}$

   試求 $A \cup B$, $A \cap B$, $A - B$, $B - A$。

3. $A = \{1, 2, 3, 4\}$, $B = \{1, 2, 3, 4, 5\}$

   求 $A \cap B$, $A - B$, $B - A$, $A \cup B$。

4. $A = \phi$, $B = \{1, 2, 3, 4, 5\}$

   求 $A \cap B$, $A - B$, $B - A$。

5. $A = \{2, 3, 4\}$, $B = \{4, 5, 6\}$, $U = \{1, 2, 3, 4, 5, 6, 7\}$,求 $B - A$, $A \cap B$, $\overline{A}$, $A \cup B$。

6. 宇集合 $= \{x \mid -3 \leq x \leq 3\}$, $A = \{x \mid -1 \leq x \leq 1\}$, $B = \{x \mid 0 < x \leq 2\}$,

   求 $A \cap B$, $A \cup B$, $\overline{A}$, $\overline{B}$。

7. 宇集合 $= \{x \mid -3 \leq x \leq 3\}$, $A = \{x \mid 1 \leq x \leq 3\}$, $B = \{x \mid -3 \leq x < 1\}$,

   求 $A \cap B$, $A \cup B$, $\overline{A}$, $\overline{B}$, $A - B$。

8. 某公司的服務同仁中,大於 20 歲的有 19 人,小於 30 歲的有 27 人,而年齡介於 20~30 歲的有 11 人,問該公司共有員工多少人?

9. 某班人數 40 人，在期末考時，英文不及格有 10 人，數學不及格有 15 人，兩科都不及格有 5 人，求：

    (1) 英文及格但數學不及格的人數？

    (2) 英文不及格但數學及格的人數？

    (3) 兩科都及格的人數？

10. 1~200 的自然數中

    (1) 2 的倍數有幾個？

    (2) 3 的倍數有幾個？

    (3) 6 的倍數有幾個？

    (4) 不是 2 也不是 3 的倍數有幾個？

機 率

Chapter 10

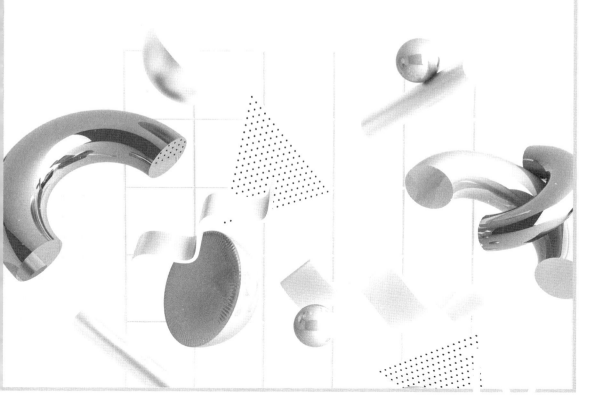

10-1 預備知識

集合。

　　機率（又稱或然率）理論今日已成為數學中重要的一支，且為統計學的基礎。雖然機率的應用已深入自然科學和社會科學各部門，但它初期的發展不太引人注意；至於機率的數學理論的發展則大約起源於十七世紀的中期，當時一位名叫哥博(Antoine Gombauld, 1607~1684)的法國貴族，向當時法國年輕的數學家巴斯卡(Blaise Pascal, 1623~1662)提出這樣的一個問題：同時擲兩粒骰子 24 次，至少有一次兩粒都出現 6 點的機會是多少？巴斯卡解出了這個問題，他也因此對機率的概念發生了興趣。此後哥博和巴斯卡將他們的問題與另一位法國著名的數學家費瑪(Pierrede Fermat, 1601~1665)一起討論，他們三人往返的書信就構成了第一部機率理論的學術性雜誌。目前，雖然我們不知道這三位紳士在擲骰子的賭桌上所享有的成就如何，但是我們確知他們的好奇和研究，介紹了許多我們將在本節中學習的概念。

　　有些問題，我們可以根據已知條件或支配此問題的法則，而求得確定的答案。這類問題是為「確定性」的。例如真空中的自由落體運動，只要高度一定，不管物體重量的大小，其到達地面的時間是一定的。然而，像上述哥博所提出的問題是為「不確定性」的，因為在投擲兩粒骰子之前，雖然我們知道那些結果會出現，但是沒有辦法事先知道哪一個結果出現。又如到廟裡「擲筊」，雖然我們知道有三種可能的結果出現，但事先沒有辦法知道哪一個結果會出現，也是一個不確定性的問題。其實這世界上到處充滿不確定性，例如球賽中的兩隊，哪一隊會獲勝？明天的天氣如何？老師下星期會不會請假？保險公司所要了解的顧客壽命等都不是我們事先能夠回答的問題。面對一不確定性的現象，我們要衡量某些事件發生之可能性的大小，作為決策的依據，如此機率的概念就產生了。

10-2 樣本空間與事件

MATHEMATICS

機率是用來衡量一件事可能發生的程度，而機率所面對的又是一些不確定性的現象，那麼該如何求得一件事可能發生的機率呢？首先讓我們來解釋機率理論中的一些基本的名詞。

在不確定的現象上，求出一個結果的過程，叫做試驗。例如：丟一粒骰子，記錄其出現的點數；檢查一批成品，觀察其不良品的個數；記錄某位同學每週的缺課日數等都是試驗。這些試驗都告訴我們做些什麼，且觀察什麼樣的結果。雖然每一試驗我們都無法預知其結果如何？但是我們可以描述所有可能出現的結果。

一項試驗中所有可能發生的結果所形成的集合叫做樣本空間，以 S 表示。樣本空間中的每一元素（即每一可能發生的結果），稱為一個樣本點或簡稱為樣本。在本書中，我們只考慮樣本空間 S 為有限的情形，也就是說，我們所考慮的試驗，只有有限個可能發生的結果。

例題

例 1

擲一粒骰子一次，觀察其出現的點數，求其樣本空間。

解

因一粒骰子只有 6 個可能出現的結果，分別是 1 點、2 點、3 點、4 點、5 點、6 點

所以 $S = \{1, 2, 3, 4, 5, 6\}$

隨堂練習 ✎

擲一個硬幣兩次，觀察出現正反面的情況，求其樣本空間。

10-3 機率的性質與求法

法國數學家拉普拉斯(Laplace, 1749~1827)曾對機率做了以下之定義：

設 S 為樣本空間，且其基本事件出現之機會相等，則事件 A 出現之機率為

$$P(A) = \frac{n(A)}{n(S)}$$

其中，$n(A)$ 代表 A 事件之樣本點數目。

$n(S)$ 代表樣本空間之樣本點數目。

根據上述定義，我們會得到以下之機率的性質。

1. $P(\phi) = 0$。

2. $P(S) = 1$。

3. 若 $A \subset S$ 為一事件，則 $0 \leq P(A) \leq 1$。

4. 機率的加法性 $P(A \cup B) = P(A) + P(B) - P(A \cap B)$。

5. 若 $A \subset B$，則 $P(A) \leq P(B)$。

例題

例 2

擲一個拾元硬幣兩次，兩次都出現正面的機率是多少？

解

若以 (a,b) 代表投擲結果，其中 a 為第一次情況，b 為第二次情況，則樣本空間 $S = \{(正,正), (正,反), (反,正), (反,反)\}$，$n(S) = 4$，兩次都出現正面的事件 $A = \{(正,正)\}$，$n(A) = 1$

由此可知兩次都出現正面的機率

$$P(A) = \frac{n(A)}{n(S)} = \frac{1}{4}$$

隨堂練習 ✐

擲一個硬幣三次，出現一正兩反的機率是多少？

例題

例 3

擲一個骰子一次，求出現奇數點的機率？

解

骰子有六面，每面的點數分別是 1~6 點，故樣本空間

$$S = \{1,2,3,4,5,6\}, \ n(S) = 6$$

而出現奇數點之事件為

$$A = \{1,3,5\}, \ n(A) = 3$$

故出現奇數點之機率為

$$P(A) = \frac{n(A)}{n(S)} = \frac{3}{6} = \frac{1}{2}$$

隨堂練習 ✐

擲一個骰子一次，求出現點數大於 5 點的機率？

例 4

甲、乙、丙、丁四人排成一列，其中甲、丁兩人相鄰的機率是多少？

解

四人排列的全部情況數 $= 4! = 24$

甲、丁兩人相鄰之情況數 $= 3! \times 2! = 12$

故甲、丁兩人相鄰之機率 $= \dfrac{12}{24} = \dfrac{1}{2}$

隨堂練習 ✐

甲、乙、丙、丁、戊五人排成一列，其中甲乙丙三人相鄰的機率是多少？

例 5

由三男二女中選出兩人，且此兩人均為男生的機率是多少？

解

由三男二女中選出兩人的全部情況數 $= C_2^5 = 10$

選出兩人均為男生之情況數 $= C_2^3 = 3$

故選出兩人均為男生之機率為 3/10

隨堂練習 ✐

由二男三女中選出兩人，此兩人為一男一女的機率是多少？

例 題

例 6

一年恭班的同學數學科及格的機率 0.5，英文科及格的機率為 0.6，而兩科同時及格的機率為 0.3，則兩科都不及格的機率為何？

解

設 A 事件為數學及格、B 事件為英文科及格

$P(A) = 0.5$

$P(B) = 0.6$

$P(A \cap B) = 0.3$

$P(A \cup B) = P(A) + P(B) - P(A \cap B) = 0.5 + 0.6 - 0.3 = 0.8$

$1 - P(A \cup B) = 1 - 0.8 = 0.2$

所以兩科都不及格的機率為 0.2

隨堂練習 ✎

某校月考有 20%學生數學不及格，25%學生英文不及格，10%的學生英文、數學都不及格。求該校學生英文與數學都及格的機率。

例 7

有一項吸菸習慣與肺癌關聯性研究時得到 200 人的樣本情況如下：

情　　　況	不 吸 菸	中 度 吸 菸	大 菸 槍
得 肺 癌	20	30	50
沒 得 肺 癌	70	30	0

今若自此 200 人中隨機選取一人

(1) 已知此人吸菸，但此人得肺癌之機率？

　　吸菸者共有 110 人，其中又為得肺癌者有 80 人，所以已知此人吸菸，但此人得肺癌之機率為 $\frac{80}{110}$=72.7%

(2) 已知此人不吸菸，但此人得肺癌之機率？

　　不吸菸者共有 90 人，其中又為得肺癌者有 20 人，所以已知此人不吸菸，但此人得肺癌之機率為 $\frac{20}{90}$=22.2%

隨堂練習

由以上數據，已知此人吸菸，但此人得肺癌之機率為 72.7%。已知此人不吸菸，但此人得肺癌之機率為 22.2%。你有什麼發現？

10-4 條件機率

MATHEMATICS

在機率理論當中往往會遇到存在某些條件下的機率，比如本章例題 7 欲求在某人得有肺癌的條件下，其又為大菸槍的機率，這樣的機率就是條件機率，其定義如下所述：

在 A 事件發生的條件下，B 事件發生的機率為

$$P(B \mid A) = \frac{n(A \cap B)}{n(A)} = \frac{P(A \cap B)}{P(A)}$$

例題

例 8

同「例 7」，但請以條件機率的定義來解：

解

(1) 設 A 事件代表此人得有肺癌的事件

　　B 事件代表此人為大菸槍的事件

　　故在此人得有肺癌的條件下，其又為大菸槍的機率為

$$P(B \mid A) = \frac{n(A \cap B)}{n(A)} = \frac{50}{100} = 0.5$$

(2) C 事件代表此人不吸菸的事件

則在此人不吸菸的條件下，但此人得肺癌之機率為

$$P(A \mid C) = \frac{n(A \cap C)}{n(C)} = \frac{20}{90} = \frac{2}{9}$$

隨堂練習

根據「例 7」，求在此人沒得肺癌的條件下，而為大菸槍的機率為多少？

例題

例 9

擲一粒骰子一次，在出現點數為奇數的條件下，求點數 5 出現的機率？

解

設 A 事件為點數為奇數的事件，即 $A = \{1, 3, 5\}$。

B 事件為點數 5 的事件，即 $B = \{5\}$。

故在出現點數為奇數的條件下，點數 5 出現的機率為

$$P(B \mid A) = \frac{n(A \cap B)}{n(A)} = \frac{1}{3}$$

隨堂練習

任意丟擲二枚骰子，在點數和為 6 的條件下，求其中一粒骰子為 5 點的機率？

例 10

某班級期中考國文及格者為 80%，英文及格者為 60%，兩科都及格者為 50%，若已知某同學國文及格，求該生英文也及格的機率？

解

設 A 事件代表該生國文及格的事件，即 $P(A) = 0.8$

B 事件代表該生英文及格的事件，即 $P(B) = 0.6$

A 與 B 的交集恰代表兩科都及格的事件，即 $P(A \cap B) = 0.5$，故在該生國文及格的條件下，英文也及格的機率為

$$P(B \mid A) = \frac{P(A \cap B)}{P(A)} = \frac{0.5}{0.8} = \frac{5}{8}$$

隨堂練習

根據「例 10」，若已知某同學英文不及格，求該生國文及格的機率？

10-5 獨立事件

機率所講的「獨立」與日常生活所謂的「行為獨立」或「人權獨立」等等名稱比較，兩者之間是截然不同的。所謂的獨立事件指的是兩事件彼此互不干擾，當事件 A 的發生與否對事件 B 沒有影響，同樣的，事件 B 的發生與否對事件 A 也沒有影響，此時我們稱事件 A、B 彼此獨立。利用條件機率的概念，可得獨立事件的如下定義：

當兩事件 A、B 滿足 $P(A \cap B) = P(A) \times P(B)$ 時，則稱事件 A、B 彼此為獨立事件。

其證明簡述如下：

以條件機率的觀點來看，當事件 A 之發生，對事件 B 之發生的機率沒有影響，則可得

$$P(B \mid A) = P(B) \cdots\cdots\cdots\cdots\cdots\cdots\cdots\cdots\cdots\cdots\cdots① $$

$$又因為 P(B \mid A) = \frac{P(A \cap B)}{P(A)} \cdots\cdots\cdots\cdots\cdots\cdots② $$

結合①、②式，可得 $P(A \cap B) = P(A) \times P(B)$

例 題

例 11

擲一枚硬幣兩次，兩次都出現正面的機率為何？

解

若 A 事件代表擲第一次為正面的事件，即 $P(A) = \dfrac{1}{2}$。

B 事件代表擲第二次為正面的事件，即 $P(B) = \dfrac{1}{2}$。

顯然 A、B 事件彼此獨立，故兩次都出現正面的機率為

$$P(A \cap B) = P(A) \times P(B) = \frac{1}{2} \times \frac{1}{2} = \frac{1}{4}$$

隨堂練習 ✎

擲一枚硬幣四次，出現連續四次正面的機率為何？

例題

例 12

棒球好手陳偉殷的打擊率為 0.6，則上場三次中

(1) 三次均擊出安打的機率？

(2) 三次均未擊出安打的機率？

解

(1) 三次打擊的事件彼此應為獨立事件，又每次的打擊率為 0.6。
    故三次均擊出安打的機率為 0.6×0.6×0.6＝0.216。

(2) 每次未擊出安打的機率為 $1-0.6=0.4$
    故三次均未擊出安打的機率為 $0.4 \times 0.4 \times 0.4 = 0.064$。

隨堂練習 ✎

香香想生三個小孩，連續三胎都是女生的機率是多少？（假設生男生女機率相同）

例 13

甲、乙兩人射擊命中率分別為 0.4 與 0.7，今有鳥飛入射程內，兩人同時對鳥發射一槍，求此鳥被命中之機率為何？

解

設 A 事件代表鳥被甲擊中之事件，即 $P(A) = 0.4$；

B 事件代表鳥被乙擊中之事件，即 $P(B) = 0.7$。而因鳥被命中可能為甲或乙所為，故需取 A 與 B 之聯集，來代表鳥被命中之事件，即 $A \cup B$，故可得鳥被命中之機率為

$$P(A \cup B) = P(A) + P(B) - P(A \cap B) \quad \longleftarrow \text{因事件} A, B \text{彼此獨立}$$
$$= P(A) + P(B) - P(A) \times P(B)$$
$$= 0.4 + 0.7 - 0.4 \times 0.7$$
$$= 1.1 - 0.28$$
$$= 0.82$$

隨堂練習 ✎

甲昆蟲經由人工飼養可以活過 10 年以上的機率寫成 $P(A) = \dfrac{1}{10}$，乙昆蟲經由人工飼養可以活過 10 年以上的機率寫成 $P(B) = \dfrac{1}{20}$，假設兩者為獨立事件，試求：

(1) 兩種昆蟲都活過 10 年以上的機率？

(2) 至少有一種活過 10 年以上的機率？

10-6　期望值

MATHEMATICS

期望值按照字面上解釋就是期望得到的價值，在日常生活中每個人做某事，一般都會事前評估，看看是否能取得最大的利益，只是很多狀況的出現都涉及到機率的問題，此時面對眾多的變數，究竟該如何取捨，就得借助期望值的觀念，以計算做某事的划算與否。

例如你在路邊看到一個擲骰子的遊戲，其規則是「一粒骰子每擲一次，若出現點數為奇數，則可獲得與出現點數相同的錢；若出現點數為偶數，則須賠償與出現點數相同的錢」。純粹就利益來考量，你應不應玩這遊戲呢？因為骰子點數的出現涉及到機率，故做這事的決策就該以期望值為依據。

以下就讓我們來看看期望值的定義：

設一試驗的樣本空間為 $S,\{A_1,A_2,\cdots\cdots,A_k\}$ 為樣本空間 S 的一個分割（如圖 10-1 所示），且設事件 A_i 發生的機率為 P_i，若事件 A_i 發生，則可獲得 X_i 的價值（$i=1,2,3,\cdots\cdots,k$），則稱 $P_1X_1+P_2X_2+\cdots\cdots P_kX_k$ 為此試驗的期望值。

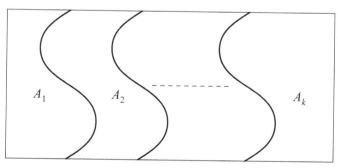

樣本空間 S

◆ 圖 10-1

接下來我們來計算一下前述擲骰子的問題之期望值,因一粒骰子每擲一次的點數有 1~6(共六種)情況,且每一種點數出現的機率皆為 $\frac{1}{6}$,$P_1=P_2=P_3=P_4=P_5=P_6=\frac{1}{6}$,又其遊戲規則律定出現奇數點,可得與出現點數相同的錢,此即表示 $X_1=1$,$X_3=3$,$X_5=5$;又若出現偶數點,須賠償與出現點數相同的錢,此即表示 $X_2=-2$,$X_4=-4$,$X_6=-6$(以負號表示虧損)。故期望值 $= P_1X_1+P_2X_2+P_3X_3+P_4X_4+P_5X_5+P_6X_6=\frac{1}{6}(1)+\frac{1}{6}(-2)+\frac{1}{6}(3)+\frac{1}{6}(-4)+\frac{1}{6}(5)+\frac{1}{6}(-6)=-\frac{3}{6}=-0.5$,因期望值為負,故不應玩此遊戲。

可能有同學會覺得說真的去玩上述擲骰子的遊戲,可能第一次就擲出五點,剛得 5(單位可能為元、佰、仟……)的價值。如此一來不就賺到了,那期望值為負 0.5(單位)似乎沒有意義,其實期望值要在試驗的次數夠多時才會顯現它的意義,那就是如果你玩此種擲骰子的遊戲非常多次,平均下來你每一次就要輸 0.5(單位)的價值,從這個角度上來看,商家才是最大的贏家。

例題

例 14

某地攤有一遊戲,玩一次要付 50 元,袋中有黑球 5 個,白球 3 個,紅球 2 個,抽獎者自袋中抽出一球,若抽中黑球可得 0 元(銘謝惠顧),抽中白球可得 100 元,抽中紅球可得 200 元,試問你是否願意玩此遊戲?

解

$$期望值 = P_黑 X_黑 + P_白 X_白 + P_紅 X_紅$$
$$= \frac{5}{10}(0)+\frac{3}{10}(100)+\frac{2}{10}(200)$$
$$= 70(元)$$

而每次僅須付 50 元，故玩此遊戲對顧客有利，商家若不改變遊戲規則，可想而知一定會關門大吉。

隨堂練習 ✎

投擲一公正的骰子一次，則出現點數的期望值？

例 題

例 15

有五個選項的單選題，每題答對得 5 分，為避免猜題，則答錯應倒扣幾分才公平？

解

每一次猜題只有兩種情況，即猜對與猜錯兩種，而猜對的機率是 $\frac{1}{5}$，以 P_1 表示，猜對的得分是 5 分，以 X_1 表示；猜錯的機率是 $\frac{4}{5}$，以 P_2 表示，猜錯的倒扣是 y 分，以 X_2 表示，公平的情況應是讓猜題的期望值為零，故

$$期望值 = P_1 X_1 + P_2 X_2 = 0$$
$$\Rightarrow \frac{1}{5}(5) + \frac{4}{5}y = 0$$
$$\Rightarrow y = -\frac{5}{4} = -1.25$$

即答錯應倒扣 1.25 分才公平。

隨堂練習 ✎

有四個選項的單選題，每題答對得 3 分，為避免猜題，則答錯應倒扣幾分才公平？

數學小常識

1. 奇妙的 37

$$3 \times 37 = 111$$
$$6 \times 37 = 222$$
$$9 \times 37 = 333$$
$$12 \times 37 = 444$$
$$15 \times 37 = 555$$
$$18 \times 37 = 666$$
$$21 \times 37 = 777$$
$$24 \times 37 = 888$$
$$27 \times 37 = 999$$

 隨堂練習 & 練習題解答

練習題

1. 小峰昨日從袋裡掉出二個硬幣，一個是正面，另一個是反面，細心的小峰想知道這件事發生的機率，你能幫助他嗎？又如果兩個都是正面的機率是多少？

2. 張小華老師的寶貝小宇（男）已滿週歲了，張小華老師想要再生一小孩，你認為這胎小孩是男生的機率是多少？這胎小孩是女生的機率又是多少？

3. 彭小峰老師想生二個小孩，但他喜歡女孩，希望二個都是女孩，你認為彭小峰老師如願的機率是多少呢？一男一女的機率呢？

4. 在一個吸菸與肺癌相關性的研究中，調查 200 人，發現如下表：

狀　　　況	不 吸 菸	有 吸 菸	老 菸 槍
無 肺 癌	80	50	10
得 肺 癌	20	20	20

(1) 不吸菸的人中，得肺癌的機率是多少？
(2) 老菸槍中，得肺癌的機率是多少？
(3) 老菸槍與有吸菸中，得肺癌的機率是不吸菸而得肺癌的多少倍？

5. 小鈞說明天 200% 保證會下雨，請問學過機率的你認為這句話有問題嗎？

6. 小香說暑假要出國去旅行，去日本的機率是 39%，去美國的機率是 60%，去普吉島的機率是 48%，對於小香這樣的說法你有什麼看法，並解釋之。

7. 設男生中有 3%是色盲，女生中有 2%是色盲，男、女生人數相同，則從色盲中任取一人，此人是男生的機率是多少？

8. 同第 7 題，但男、女生人數比為 2:1，則從色盲中任取一人，此人是男生的機率是多少？

9. 擲一枚硬幣三次，至少出現兩次正面的機率是多少？

10. 馬蓋先欲破解密碼鎖，在任意猜測密碼的情況下，第一次猜就能夠成功破解密碼的機率是多少？（已知密碼由 0~9 的任五個數字組成，數字可以重複）

11. 一袋中有紅球四個，白球五個，今一次取三球，結果三個均為白球的機率是多少？

12. 同時擲兩粒骰子一次，則出現之點數和為 7 的機率是多少？

13. 「某病人焦急問醫師：這種病手術後的存活率如何？醫師回答為 50%，病人追問：那你有把握嗎？醫師信心十足的說：這次一定成功，因為前面已經死去了 49 個人了！」請問以上的笑話中，以機率的觀點來分析，有何問題？

14. 某戶人家生有 3 個小孩，若已知 3 個小孩為 1 男 2 女，則老大是女孩的機率是多少？

15. 同時擲兩粒骰子一次，在出現之點數和為 7 的條件下，求其中一粒骰子為 4 點的機率？

16. 甲、乙兩人同時解一道題目，甲能解出之機率為 0.3，乙能解出之機率為 0.8，求下列情況之機率：
    (1) 甲、乙二人均解出。
    (2) 甲、乙二人均未解出。

(3) 甲、乙二人恰有一人解出。

(4) 此題被解出。

17. 同時擲兩枚硬幣和兩粒骰子，則硬幣出現一正一反且骰子的點數和小於 6 的機率為何？

18. 樂透發燒，得頭獎者一下子成為億萬富翁，但得頭獎的機率有多少呢？以下請讀者以機率理論回答下列問題：

(1) 若在 38 個號碼選中六個號碼就中頭獎，這樣的機率是多少？

(2) 請以獨立事件的觀點分析「每期開出的號碼與下一期有無關聯」。

(3) 在樂透活動中，政府或彩迷誰會是最大的贏家？

19. 袋中有壹佰元紙鈔八張，壹仟元紙鈔兩張，今自袋中任取一張紙鈔，求所得之期望值？

20. 保險公司銷售平安險，保費 1200 元，若被保人受傷可獲理賠 10 萬元，如死亡可獲理賠 100 萬元，今已知被保人受傷機率為 $\dfrac{1}{1000}$，死亡機率為 $\dfrac{1}{10000}$，則保險公司獲利的期望值為多少？

21. 試寫出丟 3 顆骰子點數總和為 8 之所有情形？並計算其機率？在此前提下至少出現 2 顆奇數點數之機率？

21. 已知 $P(A \cup B) = 0.8$，$P(A) = 0.4$，$P(B) = 0.7$，試求 $P(A \cap B) = ?$

22. 已知 $P(A \cup B) = 0.8$，$P(A \cap B) = 0.6$，$P(B) = 0.7$，試求 $P(A) = ?$

23. 已知 $P(A) = 0.5$，$P(B) = 0.4$，且知 A、B 為獨立事件，試求 $P(A \cup B) = ?$

24. 已知 $P(A) = 0.5$，$P(B) = 0.4$，且知 A、B 為互斥事件 試求 $P(A \cup B) = ?$

25. 已知 $P(A) = 0.4$，且知 A、B 為互補事件，試求 $P(B) = ?$

MEMO

統 計

Chapter
11

機率。

11-2-1　統計的意義

　　統計在各行各業皆被廣泛的應用，凡是探討一些不確定性的通則，幾乎都可以用統計方法來處理。譬如：藥劑師如何檢定新藥物是否比已有的舊藥物有效？廠商如何預測新產品的市場需求？棒球教練如何使用過去的資料以採取適當的戰略？血型專家如何判斷吉普賽人是否淵源於印度？

　　決策者如何把專家的意見加以綜合？民意調查機構如何只訪問少數選民來預測選舉結果？……等等，這些問題我們都可以用統計方法加以解決。換句話說，統計乃是在面對不確定的情況下，能夠幫助我們做出明智決策的一種科學方法。

　　我們調查一群人時，卻發現了「吸菸的人得肺癌的比率要比不吸菸得肺癌的比率高」的現象。又如，投擲一枚一元硬幣，每次出現的結果是正面或反面，事先是無法知道的；但是，如果投擲的次數夠多的話，我們就會發現一項規則，那就是出現正面的次數與出現反面的次數很接近某一百分比（不一定是 50%）。統計所研究的就是這種有關全體的不確定現象的通則，而非個別事件發生的結果。

　　統計應用的領域隨著時代的進步日漸擴大，但是統計方法的應用仍有其限制，應特別注意下列二點：

1. 統計是一門科學而不是預言家，它必須從「足夠多」的統計資料中才能找出研究對象的全體的通則。

2. 統計資料必須客觀而周延，否則統計結果必有偏差，而導致錯誤的統計推論。

   因此我們在應用統計方法時，必須注意資料的調查方法。

11-2-2 抽樣調查

調查方法依照調查的對象，可分為**普查**及**抽查**兩種。

1. 普查

是指所要調查對象為研究對象的全體。例如：人口普查、工商普查、農業普查等都是。普查既然是對研究對象的全體做調查，那麼所獲得的資料必定十分完整而且可靠。但是，某些現象的研究限於經濟與技術及時間限制的原則，或由於全體數量過於龐大，是不可能或不需要對全體作全面性的調查。譬如：檢驗某工廠生產燈泡的耐用時間是否符合標準，假如把每一個燈泡都加以試驗，那麼等試驗完成，燈泡也都燒壞了，如此豈不是等於沒有產品了嗎？

2. 抽查

是指所要調查對象僅為研究對象的一部分。全體研究對象中被抽出的一部分，稱為**「樣本」**。抽出樣本的過程，稱為**「抽樣」**。

採用抽查的方式來蒐集原始資料，不但省時、省力、省錢，而且若應用得當，它可相當正確地推論整個全體的特性，所以除了特殊重要的統計資料或統計範圍狹小的調查外，幾乎所有原始資料的蒐集多採用抽查的方式。

統計分析結果與抽樣的合適與否，有絕對的關係；合適的抽樣可得可靠的結論，不合適的抽樣會得到不可靠的結論。所謂抽樣的合適與否，在於抽取出來的樣本是否能夠代表整個全體的特性。為了使樣本足以代表整個全體，原則上，我們希望每一個體被抽出的**機會相等**，以免被抽出的樣本只具有某一種特徵，而無法代表整個全體。例如：從某一學校內抽取部分學生以研究一般學生的身高時，我們必須使每位學生有相同的機會被抽中，以免被抽出來的樣本大部分是高個子或矮個子的現象。

抽樣調查的對象的全體，我們稱做母群體。

因此抽樣方法必須隨著調查對象（母群體）的特性不同而採用不同的抽樣方法。

11-2-3　常用的抽樣方法

抽樣的方法因母群體的性質而有所不同，常用的抽樣方法有：

1. 簡單隨機抽樣。

2. 分層隨機抽樣。

3. 部落抽樣。

4. 系統抽樣。

四種抽樣方法，其內容與功用分別說明如下：

1. 簡單隨機抽樣

所謂「簡單隨機抽樣」就是希望母群體中每一個個體被抽中的機會均相等。簡單隨機抽樣的常使用方法有二種：

(1) 將母群體中，每一個個體賦予一個號碼，再將所有號碼混合，然後再任意抽取。

(2) 利用隨機號碼表來抽樣，我們可依問題的需要而任意選擇隨機號碼表上的那幾行或那幾列，然後號碼所對應的個體，即為選定的樣本；現在已經有很多專家都不再使用隨機表，而改用電腦的亂數所產生的隨機號碼。如此依隨機原理所得的樣本，我們特別稱為隨機樣本。

2. 分層隨機抽樣

所謂「分層隨機抽樣」就是將母群體依其個體的性質分成若干層，此時各組之間的性質差異大，但是各組內的個體之間性質皆相近，因此更能提高抽樣的精確度，而後每組再依隨機抽樣若干個作為樣本，即為分層隨機抽樣法。

3. 部落抽樣

所謂「部落抽樣」就是將母群體依某種標準分成若干性質差異甚小的組（部落），而每一組就好像是母群體的小縮影，然後再從這些部落中，隨機抽取若干部落，再對這些部落作全面的調查，如此部落的抽樣就能充分顯示母群體的特性，稱為部落抽樣法。

因為部落抽樣，每組之間的性質差異較小，而組內個體性質差異甚大，所以部落抽樣的分類標準完全與分層隨機抽樣的分類標準相反。若母群體的個體分布狀況較為分散時，則以部落抽樣較為適宜。

4. 系統抽樣

所謂「系統抽樣」就是將個體按順序編號，然後決定抽樣區間（即距離），而由隨機抽樣選取第一個樣本，以後每隔一抽樣區間選取一樣本，即為系統抽樣法。

系統抽樣法較適於兩種母群體，分別為「隨機性母體」與「有序性母體」。所謂「隨機性母體」是母群體內的個體不按照任何規則的排列，而「有序性母體」是母群體內的個體是依某一規則來排列。

由於系統抽樣較易執行，而且獲得訊息也比簡單隨機抽樣多，所以系統抽樣通常比簡單隨機抽樣實用。

11-2-4 資料分析與比較

一堆原始資料經過蒐集、分類、製表之後，隱含了許多所要研究現象的重要特性與規律，故須加以分析與比較，才是統計方法的目的，然而如何選取一個適當而且有效的衡量標準來作為分析的工具，將是一個最困難的問題。有了衡量標準後，才容易了解母群體的特性，以助於分析比較的工作。

11-3 集中趨勢測定數 MATHEMATICS

在一般情況下，統計經常以一個簡單的數量來充分代表整個母群體的集中趨勢，作為統計分析的衡量標準。常用來顯示其集中特性的數有**算術平均數、加權平均數、中位數與眾數**。

1. 算術平均數

所謂「算術平均數」就是將各項數值的總和除以其個數所得的商，即是算數平均數，通常以 M(Mean)來表示算術平均數的值，其計算方法說明如下：

n 個數值 $x_1, x_2, x_3, \cdots, x_n$

$$M = \frac{x_1 + x_2 + \cdots + x_n}{n}$$

例題

例 1

若有一家醫院這半個月來（15 天）門診病人每天人數記錄如下：

19, 17, 20, 18, 22, 21, 20, 21, 20, 24, 16, 16, 15, 10, 11

試計算此醫院平均每天有多少個門診病人？

解

全部有 15 天，則將 15 天的門診病人人數加起來除以 15 即可求得 M？

$$M = \frac{(19+17+20+18+22+21+20+21+20+24+16+16+15+10+11)}{15}$$

$$M = 18$$

所以平均每天有 18 個門診病人。

隨堂練習

經統計調查 50 筆資料，已知前 30 筆資料平均數為 80，後 20 筆資料平均數為 40，試求此 50 筆資料之平均數？

2. 加權平均數

所謂「加權平均數」就是將各項數值乘以其所對應的權數，然後把各項乘積的總和除以總權數所得之商即是**加權平均數**。

若各個數值的重要性相等，則以算術平均數來求平均數，但若各個數值有其重要性區分，則為了有正確的衡量標準，加權平均數為最適合的計算方法。

以下以一成績的例子來做說明更為清楚。

例 題

例 2

有位同學的學期成績如下：

國文、英文、數學、統計、電腦成績為：$82, 80, 87, 83, 91$，

各科學分數，分別為：$4, 4, 4, 3, 2$，試求其學期平均成績為多少？

解

總學分數為 $4+4+4+3+2=17$

則學期平均數為

$$W = (82 \times 4 + 80 \times 4 + 87 \times 4 + 83 \times 3 + 91 \times 2)/17 = \frac{1427}{17} = 83.9$$

隨堂練習 ✏

某生成績如下：數學 2 學分得 80 分，英文 3 學分得 60 分，則該生這兩個科目的加權平均分數是多少？

3. 中位數

所謂「中位數」是將各數值依大小順序排列後，位置居最中間的數值就稱為**中位數**。

計算方法如下：

(1) 將數值依大小順序排列。

(2) 取最中間之數值，即得中位數。

例 題

例 3

一個籃球隊 9 人之身高分別為 165、189、182、168、196、187、178、160、190 公分，試求此籃球隊的中位數？

解

排序 160、165、168、178、182、187、189、190、196

取中間數值得 182

此籃球隊的中位數為 182 公分

隨堂練習 🖉

　　某供應商去年 1~12 月的銷售量（單位為公噸）分別為 16, 17, 14, 13, 12, 11, 10, 14, 16, 15, 17, 18，其月銷售量的中位數是多少？

4. 眾　數

　　所謂「眾數」是將各數值依大小順序排列後，出現次數最多的數值就稱為**眾數**。

計算方法如下：
(1) 將數值依大小順序排列。
(2) 取出現次數最多的數值，即得眾數。

例 題

例 4

　　一個班級 15 位同學之數學成績分別為

　　　56, 65, 98, 89, 75, 76, 75, 75, 45, 46, 86, 89, 75, 56, 75

試求此班級數學成績之眾數？

解

　　明顯發現 75 分出現之次數最多，為 5 次，所以此班級數學成績之眾數為 75 分。

隨堂練習 ✏

你認為一組資料的眾數只有一個嗎？此外有可能沒有眾數？

11-4 離中趨勢測定數

MATHEMATICS

以上所討論的是以一個簡單的數值來充分代表母群體的特性，但是由於母群體中個體彼此互有差異，有時候只用一個簡單數值要來代表整個母體，似乎是過於模糊了。

所以我們再尋找另一個數值來當衡量標準，那就是離中趨勢測定數。

使用**離中趨勢測定數來表示母群體內個體分散的程度**，並藉以測量平均數的可靠程度。

常用的離中趨勢測定數有全距、四分位差與標準差。

1. 全 距

所謂「**全距**」就是一堆資料中，其最大數與最小數之差值，符號記為 R，其計算方法敘述如下：

(1) n 個資料 $X_1, X_2, X_3, \cdots\cdots, X_n$ 按大小順序排序。

(2) $R=$ 最大值 $-$ 最小值。

例 5

有一體重資料，數值為 45, 62, 59, 39, 52, 69, 58, 43, 52, 78 Kg，十個數據，試求這筆體重資料的全距。

解

最大值為 78，最小值為 39，

故全距為 $R = 78 - 39 = 39$

所以這筆體重資料的全距為 39 Kg。

隨堂練習 🖊

為瞭解班上同學的體重狀況，經調查 10 人的體重資料如下：
55, 50, 47, 60, 70, 75, 48, 65, 70, 45Kg，試計算全距。

2. 四分位差

將統計資料按照大小順序排列，然後均分成四等份，可以得到三個分割點，分別以 Q_1, Q_2, Q_3 表示，其中 Q_1 叫做第一個四分位，Q_2 叫做第二個四分位，Q_3 叫做第三個四分位，如圖 11-1 所示，其中 Q_2 剛好也是整組資料的中位數。

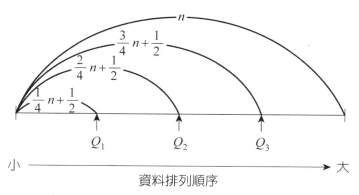

◆ 圖 11-1　四分位數在資料中的分布情況

　　至於四分位差則定義為 Q_1 與 Q_3 之差的一半，以符號表示如下：

四分位差 $Q.D. = \dfrac{1}{2}(Q_3 - Q_1)$

　　四分位差所代表的意義乃指整組資料中間一半的分散情況，雖然它忽略了左、右兩端的資料，但也因為如此，當資料中出現不正常的極大或極小值時，四分位差也較不易受到影響。

例 題

例 6

　　求下列資料：16, 24, 28, 32, 57, 61 的四分位差？

解

Q_1 的項數 $= \dfrac{n}{4} + \dfrac{1}{2} = \dfrac{6}{4} + \dfrac{1}{2} = 2$，故 $Q_1 = 24$

Q_3 的項數 $= \dfrac{3}{4}n + \dfrac{1}{2} = \dfrac{3}{4} \times 6 + \dfrac{1}{2} = 5$，故 $Q_3 = 57$

所以四分位差 $Q.D. = \dfrac{1}{2}(Q_3 - Q_1) = \dfrac{1}{2}(57 - 24) = 16.5$

隨堂練習 ✏

為瞭解班上同學的體重狀況，經調查 10 人的體重資料如下：
55, 50, 65, 60, 70, 60, 50, 80, 65, 70Kg，試計算四分位差？

例 7

求下列資料：16, 24, 28, 32, 57, 61, 80 的四分位差？

解

$$Q_1 \text{的項數} = \frac{n}{4} + \frac{1}{2} = \frac{7}{4} + \frac{1}{2} = 2.25$$

故使用內插法求得 $Q_1 = 24 + 0.25(28 - 24) = 25$

$$Q_3 \text{的項數} = \frac{3}{4}n + \frac{1}{2} = \frac{3}{4} \times 7 + \frac{1}{2} = 5.75$$

故使用內插法求得 $Q_3 = 57 + 0.75(61 - 57) = 60$

所以四分位差 $Q.D. = \frac{1}{2}(Q_3 - Q_1) = \frac{1}{2}(60 - 25) = 17.5$

隨堂練習 ✏

求下列資料：10, 20, 30, 60, 80, 86, 90 的四分位差？

3. 標準差

　　由全距來判斷資料的分散情況，容易失真，因為全距只考慮到資料中的最大值與最小值，卻忽略了資料中其他占絕大多數的數據；而由四分位差來判別資料的分散情況，雖較全距的使用來得好，但四分位差僅考慮到由小到大排列的資料之中間一半的分散情況，而忽略了資料中其他的數據，故仍不是最佳的選擇；只有標準差在計算的過程中考慮到資料中的每一個數據，故最適合用來判別資料的分散情況，同時也是最常見的離中趨勢測定數。

　　設母群體之個數為 N，算術平均數為 μ

　　則母群體標準差定義為： $\sigma = \sqrt{\dfrac{\sum\limits_{i=1}^{n}(x_i - \mu)^2}{N}}$

其中 μ, σ 均為小寫的希臘字母

　　設樣本之個數為 n，算術平均數為 $\overline{x}$

　　則樣本標準差定義為： $S = \sqrt{\dfrac{\sum\limits_{i=1}^{n}(x_i - \overline{x})^2}{n-1}}$

　　讀者可能會覺得奇怪，為何母群體與樣本之標準差在公式的定義上，前者使用了 N，而後者使用了 $n-1$，那是因為抽出樣本的目的在了解母群體的狀況，當由樣本標準差推估母體標準差時，易於低估，故經過修正的程序。

例 8

試由標準差判斷下列兩組數據之分散情況：

第一組：10, 18, 20, 25, 27

第二組：2, 15, 21, 30, 32

解

設第一組之標準差為 σ_1，平均值為 μ_1

第二組之標準差為 σ_2，平均值為 μ_2

則

$$\mu_1 = \frac{10+18+20+25+27}{5} = 20$$

$$\sigma_1^2 = \frac{(10-20)^2+(18-20)^2+(20-20)^2+(25-20)^2+(27-20)^2}{5}$$

$$= 35.6$$

故

$$\sigma_1 = \sqrt{35.6} \fallingdotseq 5.97$$

而

$$\mu_2 = \frac{2+15+21+30+32}{5} = 20$$

$$\sigma_2^2 = \frac{(2-20)^2+(15-20)^2+(21-20)^2+(30-20)^2+(32-20)^2}{5}$$

$$= 118.8$$

故

$$\sigma_2 = \sqrt{118.8} \fallingdotseq 10.90$$

因 $\sigma_2 > \sigma_1$，故第二組較第一組來得分散

隨堂練習 ✏

分別使用全距、四分位差、標準差來判斷資料的分散情況，哪一種方法最可信，哪一種方法最容易。

例 題

例 9

由全班抽出 5 人，調查期中考之數學成績如下：40, 45, 60, 70, 75，試求此樣本之標準差？

解

設此樣本之平均值為 $\overline{x}$，標準差為 S

則

$$\overline{x} = \frac{40 + 45 + 60 + 70 + 75}{5} = 58$$

$$S^2 = \frac{(40 - 58)^2 + (45 - 58)^2 + (60 - 58)^2 + (70 - 58)^2 + (75 - 58)^2}{5 - 1}$$

$$= 232.5$$

故

$$S = \sqrt{232.5} \fallingdotseq 15.2$$

隨堂練習 ✐

由全班抽出 3 人，已知 3 人身高分別為 155, 160, 165cm，試求平均身高 $\bar{x}$、標準差 $s=?$

標準差存在一個有趣的特性，當資料中所有的數據同時增（減）某一個相同的數時，則新數據的標準差 S' 與原來的標準差 S 是一樣的；當資料中所有的數據同時乘（除）某一相同的數時，則新數據的標準差 S' 與原來的標準差 S 比較，將擁有同樣的乘（除）關係。我們將上述說明整理如下：

1. $S'(x) = S(x+a) = S(x)$

2. $S'(x) = S(x-a) = S(x)$

3. $S'(x) = S(ax) = aS(x)$

4. $S'(x) = S\left(\dfrac{x}{a}\right) = \dfrac{S(x)}{a}$

例題

例 10

已知資料 A 含 2, 15, 21, 30, 32 等五個數據，且其標準差為 10.9，求下列各資料之標準差：

(1) 資料 B: 12, 25, 31, 40, 42

(2) 資料 C: 1, 14, 20, 29, 31

(3) 資料 D: 4, 30, 42, 60, 64

(4) 資料 E: 1, 7.5, 10.5, 15, 16

解

(1) 資料 B 中，每一個數據恰比資料 A 多 10，故資料 B 的標準差 $S_B = S_A(x+10) = S_A = 10.9$

(2) 資料 C 中，每一個數據恰比資料 A 少 1，故資料 C 的標準差 $S_C = S_A(x-1) = S_A = 10.9$

(3) 資料 D 中，每一個數據恰為資料 A 的兩倍，故資料 D 的標準差 $S_D = S_A(2x) = 2S_A = 2 \times 10.9 = 21.8$

(4) 資料 E 中，每一個數據恰為資料 A 的一半，故資料 E 的標準差 $S_E = S_A \left(\dfrac{x}{2} \right) = \dfrac{S_A}{2} = \dfrac{10.9}{2} = 5.45$

隨堂練習

已知資料 A: 2, 4, 6, 8, 15 等五個數據，且其標準差為 5，求：

(1) 資料 B: 102, 104, 106, 108, 115 之標準差

(2) 資料 C: 4, 8, 12, 16, 30 之標準差

(3) 資料 D: 15, 15, 15, 15, 15 之標準差

(4) 以標準差分析 A, B, C, D 四組資料何者最分散？

數學小常識

完美的人體比例：

　　據說世界上知名的模特兒有個共通點（不見得美貌），她們的人體比例滿足黃金切割數 1.618034；即

$$\frac{身高Y}{肚臍至腳踏X} \doteqdot 1.618034$$

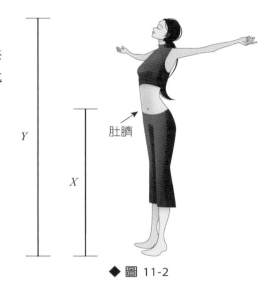

肚臍

Y

X

◆ 圖 11-2

🔍 隨堂練習 & 練習題解答

 **練習題**

EXERCISE

1. 小華的班上有 10 位同學,其身高分別為:

   162, 150, 170, 160, 160, 165, 160, 158, 145, 170(公分)

   請問平均身高為多少?

2. 有 10 個數字,其中 7 個數字的平均數為 6,剩下 3 個數的平均數為 16,則這 10 個數的平均數為何?

3. 某公司有三個部門,甲部門有員工 8 人,每人每月薪水 25000 元,乙部門有員工 10 人,每人每月薪水 31000 元,丙部門有員工 12 人,每人每月薪水 35000 元,試求該公司平均每一員工之薪水為多少元?

4. 小峰的各科學期成績與學分數為:

科　　目	成　　績	學 分 數
國　文	87	4
英　文	75	3
數　學	78	2
心 理 學	68	2

   試求小峰的學期總平均為若干?

5. 有一群參加數學夏令營的青少年,他們年齡分別為:

   13, 15, 14, 18, 13, 15, 18, 13, 14, 15, 14, 15, 20, 13

   試求年齡的:

   (1) 算術平均數

   (2) 中位數

   (3) 眾數

6. 電腦研習社的 15 位學員身高分別為：

175, 150, 170, 160, 160, 165, 163, 160, 158, 145, 170, 180, 150, 140, 160（公分）

請問：

(1) 中位數

(2) 眾　數

(3) 全　距

7. 有一氣象資料調查內湖地區的降雨量為：

80, 110, 115, 120, 95, 68, 70, 85, 90, 100（公厘）

請問：

(1) 平均降雨量？

(2) 四分位差？

(3) 降雨量超過 95 公厘的比率是多少？

8. 試問抽樣方法有哪幾種？特性為何？並針對各種抽樣方法舉一實例，概要說明之。

9. 某學生之期中考成績的平均為 50 分，標準差為 5 分。學生為求過關，努力用功，期末考時每科都進步 20 分，請問該生期末考平均為何？標準差為何？

10. 氣象單位調查臺北市的降雨量為：

175, 165, 160, 180, 200, 190, 150, 160, 170, 160（公厘）

請問：

(1) 臺北市平均降雨量為若干？

(2) 降雨量的標準差？

簡易邏輯

Chapter
12

12-1 ▶ 預備知識　　　　　　　　　　　　　　　MATHEMATICS

學習者具備判斷事情的真假之能力即可。

12-2 ▶ 邏輯概說　　　　　　　　　　　　　　　MATHEMATICS

「邏輯」一詞是英文「Logic」的音譯，這是一門討論思考原則與方法的學問，因此　國父又稱邏輯為「理則學」。簡單的說，邏輯就是用來討論事情的道理。

例如當你坐船到南極看企鵝時，也看到了冰山浮在海面上，你是否會想到為何冰山會浮在海面上呢？如果你能多加研究，就會發現這是因為冰的密度比水低，所以冰山才會浮在海面上，這種「因為……，所以……」的討論道理的方式就是一種邏輯。

又比如當你在做一道數學題目 $ab=0$ 時，你解出了答案為 $a=0$ 或 $b=0$，這時也可說「因為 $a=0$ 或 $b=0$，所以 $ab=0$」，這樣的討論數學式子之間的關係，也算是邏輯之一了。

數學的理論基礎是建立在邏輯的推理之上，本章將對「命題與真值表」作一番探討，以期開啟同學進入邏輯推理的大門。

12-3 ▶ 命題與真值表　　　　　　　　　　　　　MATHEMATICS

對一敘述，我們若能判斷真假，則稱此敘述為「命題」(Proposition)。

而該命題的真或假，稱為「真值」(Truth Value)，常以 True(T)或 False(F)表示。例如下列例子均為命題：

命　　　　　　　題	真　　值
1. $1 - 1 = 0$	T
2. $10 \times 10 = 10$	F
3. $1 > 6$	F
4. 法國的首都是臺北	F
5. 銅是一種金屬	T

而下列的例子均不是命題，因為無法判斷真假：

1. 但願世界和平。（願望句）

2. 大家不要講話！（命令句）

3. 你愛不愛我？（疑問句）

4. 好高啊！（驚嘆句）

例 題

例 1

判斷下列敘述是否為命題？如果是，請說明其真假狀況。

(1) 馬是動物。

(2) 若天上有雲，則會下雨。

(3) 希望明天放假。

(4) 若 $x^2 = 1$，則 $x = 1$。

(5) 若 $x = 1$，則 $x^2 = 1$。

解

(1) 這是一個為真的命題。

(2) 這是一個為假的命題。

(3) 這不是命題。

(4) 這是一個為假的命題。

(5) 這是一個為真的命題。

隨堂練習 🖉

判斷下列敘述是否為命題？如果是，請說明其真假狀況。

(A)$1 = 2$　(B)$1 = 1$　(C)三角形有三個角　(D)希望明天相遇。

接下來我們來討論命題(P)與命題(Q)之間的關係，如表 12-1 所示：

◆ 表 12-1

符號	英文名稱	中文名稱
~P	Nor P	非 P
P ∧ Q	P and Q	P 且 Q
P ∨ Q	P or Q	P 或 Q
P ⇒ Q	If P, then Q	若 P，則 Q
P ⇔ Q	If and only if P, then Q	若且唯若 P，則 Q
P ≡ Q	P, Q equivalent	P 與 Q 同義

12-3-1　非 P

對於命題 P 之否定以「~P」表示，例如：

1. P　：明天會下雨。　　　~P　：明天不會下雨。

2. Q　：我是人。　　　　　~Q　：我不是人。

3. R　：$1-1=0$。　　　　~R　：$1-1\neq0$。

4. S　：$2>1$。　　　　　~S　：$2\leq1$。

由以上舉例，讀者當可得知~P 之真值表(Truth Table)如表 12-2 所示：

◆ 表 12-2

P	~P
T	F
F	T

12-3-2　P 且 Q

若要表達只有當兩命題同時為真時，由此連接之新命題方為真，其他情況均為假，這時以「P 且 Q」表示，其中連接詞「且」以符號「∧」表示，記為 P∧Q。

例如：

1. P：我會唱歌。

　Q：我會跳舞。

　P∧Q：我會唱歌且會跳舞。

2. R：$x>10$。

　　S：$y<6$。

　　R∧S：$x>10$ 且 $y<6$。

　　P∧Q 的真值表如表 12-3 所示：

◆ 表 12-3

P	Q	P∧Q
T	T	T
T	F	F
F	T	F
F	F	F

例 2

　　設命題 P：$10>100$，命題 Q：$2^3=8$，判別下列命題之真假！

　　(1) ~P　　　　　(2) ~Q　　　　　(3) P∧Q

　　(4) P∧~Q　　　(5) ~P∧Q　　　(6) ~P∧~Q

解

　　因命題 P 為假(F)，命題 Q 為真(T)，故

　　(1) ~P 為 T　　　(2) ~Q 為 F　　　(3) P∧Q 為 F

　　(4) P∧~Q 為 F　 (5) ~P∧Q 為 T　 (6) ~P∧~Q 為 F

隨堂練習 ✎

　　設命題 P：2>1，命題 Q：1=2，判別下列命題之真假！

　　(1) P∧Q　　(2) P∧~Q　　(3) ~P∧Q　　(4) ~P∧~Q

12-3-3　P 或 Q

　　當要表達命題 P 與 Q 兩者至少有一個真時，其所連接之新命題方為真；兩命題都為假時，新命題方為假。此時新命題以「P 或 Q」表示，記作 P∨Q。

例如：

1. P：我會唱歌。

　　Q：我會跳舞。

　　P∨Q：我會唱歌或會跳舞。

2. R：$x>10$

　　S：$y<6$

　　R∨S：$x>10$ 或 $y<6$

P∨Q 的真值表如表 12-4 所示：

◆ 表 12-4

P	Q	P ∨ Q
T	T	T
T	F	T
F	T	T
F	F	F

例題

例 3

設命題 P：$\sqrt{3}$ 是有理數，Q：$\sqrt{4}$ 是無理數，判別下列命題之真假。

(1) P∧Q　　(2) P∨Q　　(3) ~P∧Q　　(4) P∨~Q

解

因命題 P 為 F，命題 Q 為 F，故命題~P 為 T，命題~Q 為 T，則

(1) P∧Q 為 F　　　　　　　　(2) P∨Q 為 F

(3) ~P∧Q 為 F　　　　　　　 (4) P∨~Q 為 T

隨堂練習 ✎

設命題 P：0>1，命題 Q：1=1，判別下列命題之真假！

(1) P∧Q　(2) P∨Q　(3) ~P∧Q　(4) P∨~Q

例 4

命題「$a^2 - 3a + 2 \neq 0$ 或 $a^2 - a - 2 \neq 0$」為假，求 $a = ?$

解

由「$P \vee Q$」為假，只有當命題 P 與 Q 同時為假時才成立，故命題 P：「$a^2 - 3a + 2 \neq 0$」為假且命題 Q：「$a^2 - a - 2 \neq 0$」也為假。

由此可得，命題~P：「$a^2 - 3a + 2 = 0$」為真且命題~Q：「$a^2 - a - 2 = 0$」也為真。

列式得

$$\begin{cases} a^2 - 3a + 2 = 0 \\ a^2 - a - 2 = 0 \end{cases} \Rightarrow \begin{cases} (a-1)(a-2) = 0 \\ (a+1)(a-2) = 0 \end{cases}$$

$$\Rightarrow \begin{cases} a = 1, 2 \cdots\cdots\cdots ① \\ a = -1, 2 \cdots\cdots ② \end{cases}$$

因為①式、②式必須同時成立，故可得 $a = 2$。

隨堂練習 ✐

已知命題 A 為假，命題「A 或 B」為真，請判斷命題 B 之真假。

12-3-4 若 P，則 Q

我們常聽到「若……，則……」的條件式敘述，在邏輯上則以符號「P $\Rightarrow$ Q」表示。P $\Rightarrow$ Q 包含兩種意義，其一為「若 P 成立，則 Q 必成立」，其二為「由 P 可以推導得到 Q」。

命題 P $\Rightarrow$ Q 的真值表如表 12-5 所示：

◆ 表 12-5

P	Q	P $\Rightarrow$ Q
T	T	T
T	F	F
F	T	T
F	F	T

我們以例 5 來說明命題 P $\Rightarrow$ Q 的真假情況。

例題

例 5

若有一天爸爸對小明說「如果下次月考你得到第一名，那麼我就買電腦給你」，接下來我們根據下列事實來判斷小明的爸爸所說的話到底是真是假。

(1) 小明果真考得第一名，而他爸爸也真的買電腦給他。

(2) 小明果真考得第一名，但他爸爸卻沒買電腦給他。

(3) 小明未能考得第一名，但他爸爸買了電腦給他。

(4) 小明未能考得第一名，而他爸爸也沒買電腦給他。

解

(1) 就事實來看，小明達到標準，而他爸爸也真的買了電腦，所以小明的爸爸當初的話是真的。

就邏輯來看，因為命題 P「下次月考你得到第一名」為真，命題 Q「我就買電腦給你」也為真，所以命題 P⇒Q「如果下次月考你得到第一名，那麼我就買電腦給你」也是真的。

(2) 就事實來看，小明達到標準，但他爸爸並沒買電腦，所以小明會覺得爸爸當初的話是假的。

就邏輯來看，因為命題 P 為真且命題 Q 為假，所以命題 P⇒Q 也為假。

(3) 就事實來看，小明未達標準，但他爸爸卻買了電腦，顯然爸爸有心給予小明獎勵，小明更會覺得爸爸當初的話是真的。

就邏輯來看，因為命題 P 為假且命題 Q 為真，所以命題 P⇒Q 也為真。

(4) 就事實來看，小明未達標準，而他爸爸也沒買電腦，因此小明不能說他爸爸說謊，只能仍然相信他爸爸當初的話是真的。

就邏輯來看，因為命題 P 為假且命題 Q 也為假，所以命題 P⇒Q 為真。

隨堂練習

益智問答：小花對小明說「若你愛我，就考第一名給我看」，於是小明很努力準備功課，可惜最後只有第二名，請問小明到底愛不愛小花？

從例 5 中讀者可發現：在判斷命題的真假時，邏輯推理與事實經驗兩者是相符合的。

對於命題 $P \Rightarrow Q$，若能真的由 P 推演得 Q，此時 P 為真，Q 必定也為真，換言之，Q 是 P 的必然結論，這時 P 稱為 Q 之充分條件(Sufficient Condition)，而 Q 稱為 P 之必要條件(Necessary Condition)。

例題

例 6

判斷下列命題，何者為何者的充分條件？

(1) P：他有兩隻腳　　Q：他是人

(2) P：天上有雲　　Q：下雨

(3) P：$x^2 - 1 = 0$　　Q：$x = 1$

(4) P：$a = 0$　　Q：$abc = 0$

解

(1) 因 $Q \Rightarrow P$，故 Q 為 P 之充分條件

(2) 因 $Q \Rightarrow P$，故 Q 為 P 之充分條件

(3) 因 $Q \Rightarrow P$，故 Q 為 P 之充分條件

(4) 因 $P \Rightarrow Q$，故 P 為 Q 之充分條件

隨堂練習 ✏

下列何者是「$x^2 > 9$」的充分條件？（複選）

(A) $x > 3$　　(B) $x > -3$　　(C) $x < 3$　　(D) $x < -3$

12-3-5　若且唯若 P，則 Q

若真的能由 P 推演得 Q，且亦真的能由 Q 推演得 P，就代表原命題 P ⇒ Q 為真，且其逆命題 Q ⇒ P 也為真，則稱「若且唯若 P，則 Q」，以符號「P⇔Q」表示。

此時可稱 P 為 Q 之充分且必要（充要）條件(Sufficient and Necessary Condition)，或稱 Q 為 P 之充要條件。

命題 P⇔Q 的真值表如表 12-6 所示：

◆ 表 12-6

P	Q	P⇔Q
T	T	T
T	F	F
F	T	F
F	F	T

例 7

判斷下列各命題之逆命題的真假。

(1) 若我跑步，則心跳加快。

(2) 若天下雨，則馬路濕。

(3) 若 $a=b$，則 $a^2=b^2$。

(4) 若 $2x-6=0$，則 $x=3$。

解

(1) 逆命題「若心跳加快，則我跑步」為假。

(2) 逆命題「若馬路濕，則天下雨」為假。

(3) 逆命題「若 $a^2=b^2$，則 $a=b$」為假。

(4) 逆命題「若 $x=3$，則 $2x-6=0$」為真。

由例 7 可知只有第(4)小題中「$2x-6=0$」與「$x=3$」兩者互為充要條件。且當原命題為真時，其逆命題不一定為真。

隨堂練習 ✎

寫出原命題「若 $x=1$，則 $x^2=1$」的逆命題，並判斷真假。

12-3-6　P 與 Q 同義

當兩命題 P、Q 的邏輯真值表完全相同時，我們稱 P 與 Q 同義（或稱邏輯等價），以符號「P≡Q」表示。既然 P、Q 同義，故兩命題也會同真或同假。

例題

例 8

下列哪一命題與命題「若天下雨，則馬路濕」同義？

(1) 若馬路濕，則天下雨。

(2) 若天不下雨，則馬路濕。

(3) 若天下雨，則馬路不濕。

(4) 若馬路濕，則天不下雨。

(5) 若馬路不濕，則天下雨。

(6) 若天不下雨，則馬路不濕。

(7) 若馬路不濕，則天不下雨。

解

讀者憑經驗應該可以看出只有(7)「若馬路不濕，則天不下雨」與原命題「若天下雨，則馬路濕」同義。從本例題，面對如此多種情況有時會令人難以抉擇，但以下我們將介紹四大命題，相信有助於讀者解決此一問題。

隨堂練習 ✎

請寫出一個命題與命題「若要去上課，則今天沒放颱風假」同義。

命題轉換可分成以下四種型態：

1. 原命題：$P \Rightarrow Q$

2. 逆命題：$Q \Rightarrow P$

3. 否命題：$\sim P \Rightarrow \sim Q$

4. 逆否命題（又稱對偶命題）：$\sim Q \Rightarrow \sim P$

　　其中原命題與對偶命題同義，即「$P \Rightarrow Q$」$\equiv$「$\sim Q \Rightarrow \sim P$」。

　　逆命題與否命題同義，即「$Q \Rightarrow P$」$\equiv$「$\sim P \Rightarrow \sim Q$」。

　　現在我們再回過頭來看例 8，原命題為「若天下雨，則馬路濕」，故與對偶命題「若馬路不濕，則天不下雨」同義。

　　利用命題同義的概念，在數學上產生了一種證明法，稱作「反證法」，意即欲證明「$P \Rightarrow Q$」成立，只要能證明「$\sim Q \Rightarrow \sim P$」成立即可。

例題

例 9

　　證明「若 n^2 是偶數，則 n 也是偶數」

解

　　　　若 n 不是偶數

　　　　則 n 是奇數，可令 $n = 2k+1$　　（k 為整數）

　　　　因此 $n^2 = (2k+1)^2 = 4k^2 + 4k + 1 = 2(2k^2 + 2k) + 1$

　　　　　　　 $= 2z + 1$　　（設 $z = 2k^2 + 2k$ 且 z 為整數）

　　　　故 n^2 亦不是偶數

　　　　得證「若 n^2 是偶數，則 n 也是偶數」

隨堂練習

證明「若 n^2 是奇數，則 n 也是奇數」。

數學小常識

動動腦：

讀者看一下這個數學式子「$102 - 101 = -1$」，顯然此式有問題，如何只移動其中一個數字到合適位置，就能使該式成立呢？（答案在本章習題最後的註解）

 隨堂練習 & 練習題解答

練習題

1. 設 P：羊是動物，Q：花是植物，請以語句表達以下各命題，並同時判斷該命題之真假：

   (1) ~P

   (2) ~Q

   (3) P∨Q

   (4) P∨~Q

   (5) ~P∨Q

   (6) ~P∨~Q

   (7) P∧Q

   (8) P∧~Q

   (9) ~P∧Q

   (10) ~P∧~Q

2. 設命題 P 表示「$x=1$」命題 Q 表示「$y<2$」，請以邏輯符號表達下列各敘述：

   (1) $x \neq 1$

   (2) $y \geq 2$

   (3) $x=1$ 且 $y<2$

   (4) $x=1$ 或 $y<2$

   (5) $x \neq 1$ 且 $y \geq 2$

   (6) 若 $x=1$，則 $y<2$

   (7) 若 $x \neq 1$，則 $y<2$

   (8) 若 $x=1$，則 $y \geq 2$

3. 設 P、Q 為兩命題，請判斷下列各小題中，P 為 Q 之充分或必要或充要條件：

(1) P：$|a|=1$　　　　　　　　Q：$a=1$

(2) P：$x=y$　　　　　　　　Q：$x^2=y^2$

(3) P：$100x=6$　　　　　　　Q：$x=6\%$

(4) P：$x-y=4$　　　　　　　Q：$x=10$, $y=6$

(5) P：$2^n>6$（$n\in N$）　　　Q：$n>2$（$n\in N$）

4. 下列哪一命題與命題「若我用功，則成績進步」同義？

(1) 「若我不用功，則成績不進步」

(2) 「若我用功，則成績不進步」

(3) 「若成績進步，則我用功」

(4) 「若成績不進步，則我不用功」

5. 命題「若 $x^2-1=0$，則 $x^2+x-2=0$」為假，那麼 $x=$？

6. 原命題「若 $a=0$，則 $ab=0$」為真，請分別寫出逆命題、否命題與對偶命題的形式，並判斷其真假。

7. 教室一塊玻璃被人打破，已知打破者是甲、乙、丙三人當中一人，今老師逐一問話，甲說：「是乙打破的」，乙說：「不是我打破的」，丙說：「是甲打破的」，若三人之中恰有一人說謊，你能從三人的談話中，看出玻璃是誰打破的？

8. 有甲、乙、丙三個和尚，君子和尚從不說謊，好好和尚說每個和尚都是君子，說謊和尚只會說謊。今天甲說丙是好好和尚，丙說乙是君子和尚，乙說甲是說謊和尚，則三人各是何種和尚？

9. 中山高速公路重慶北路交流道南下入口匝道分成內、外兩線車道，路旁立有標誌「外側車道　大客車專用」。請選出不違反此規則的選項：

(1) 小型車行駛內側車道

(2) 小型車行駛外側車道

(3) 大客車行駛內側車道

(4) 大客車行駛外側車道

(5) 大貨車行駛外側車道

10. 試證「若 n^3 是奇數，則 n 也是奇數」。

11. 「鯨會游泳，魚也會游泳，所以鯨是一種魚」，以上敘述的邏輯哪裡有錯？

註 動動腦的解答為「$10^2 - 101 = -1$」

MEMO

附 錄 | 常用對數表 Y = log₁₀x

APPENDIX

x	0	1	2	3	4	5	6	7	8	9
10	0000	0043	0086	0128	0170	0212	0253	0294	0334	0374
11	0414	0453	0492	0531	0569	0607	0645	0682	0719	0755
12	0792	0828	0864	0899	0934	0969	1004	1038	1072	1106
13	1139	1173	1206	1239	1271	1303	1334	1367	1399	1430
14	1461	1492	1523	1553	1584	1614	1644	1673	1703	1732
15	1761	1790	1818	1847	1875	1903	1931	1959	1987	2014
16	2041	2068	2095	2122	2148	2175	2201	2227	2253	2279
17	2304	2330	2355	2380	2405	2430	2455	2480	2504	2529
18	2553	2577	2601	2625	2648	2672	2695	2718	2742	2765
19	2788	2810	2833	2856	2878	2900	2923	2945	2967	2989
20	3010	3032	3054	3075	3096	3118	3139	3160	3181	3201
21	3222	3243	3263	3284	3304	3324	3345	3365	3385	3404
22	3424	3444	3464	3483	3502	3522	3541	3560	3578	3598
23	3617	3636	3655	3674	3692	3711	3729	3747	3766	3784
24	3802	3820	3838	3856	3874	3892	3909	3927	3945	3962
25	3979	3997	4014	4031	4048	4065	4082	4099	4116	4133
26	4150	4166	4183	4200	4216	4232	4249	4265	4281	4298
27	4314	4330	4346	4362	4378	4393	4409	4425	4440	4456
28	4472	4487	4502	4518	4533	4548	4564	4579	4594	4609
29	4624	4639	4654	4669	4683	4698	4713	4728	4742	4757
x	0	1	2	3	4	5	6	7	8	9

x	0	1	2	3	4	5	6	7	8	9
30	4771	4786	4800	4817	4829	4849	4857	4871	4886	4900
31	4914	4928	4942	4955	4969	4983	4997	5011	5024	5038
32	5051	5065	5079	5092	5105	5119	5132	5145	5158	5172
33	5185	5198	5211	5224	5237	5250	5263	5276	5289	5302
34	5315	5328	5340	5353	5366	5378	5391	5403	5416	5428
35	5441	5453	5465	5478	5490	5502	5514	5527	5539	5551
36	5563	5575	5587	5599	5611	5623	5635	5647	5658	5670
37	5682	5694	5705	5717	5729	5740	5752	5763	5778	5786
38	5798	5809	5821	5832	5843	5855	5855	5877	5888	5899
39	5911	5922	5933	5944	5955	5966	5977	5988	5999	6010
40	6021	6031	6042	6053	6064	6075	6085	6096	6107	6117
41	6128	6138	6149	6160	6170	6180	6191	6201	6212	6222
42	6232	6243	6253	6263	6274	6284	6294	6304	6314	6325
43	6335	6345	6355	6365	6375	6385	6395	6405	6415	6425
44	6435	6444	6454	6464	6474	6484	6493	6503	6513	6522
45	6532	6542	6551	6561	6571	6580	6590	6599	6609	6618
46	6628	6637	6646	6656	6665	6675	6684	6693	6702	6712
47	6721	6730	6739	6749	6758	6767	6776	6785	6794	6803
48	6812	6821	6830	6839	6848	6857	6866	6875	6884	6893
49	6902	6911	6920	6928	6938	6949	6955	6964	6972	6981
50	6990	6998	7007	7016	7024	7033	7042	7050	7059	7067
51	7076	7084	7093	7101	7110	7118	7126	7135	7143	7152
52	7160	7168	7177	7185	7193	7202	7210	7218	7226	7235
53	7243	7251	7259	7268	7275	7284	7292	7300	7308	7315
54	7324	7332	7340	7348	7356	7364	7372	7380	7388	7396
x	0	1	2	3	4	5	6	7	8	9

x	0	1	2	3	4	5	6	7	8	9
55	7404	7412	7419	7427	7435	7443	7451	7459	7466	7474
56	7482	7490	7497	7505	7513	7520	7528	7536	7543	7551
57	7559	7566	7574	7582	7589	7597	7604	7612	7619	7627
58	7634	7642	7649	7657	7664	7672	7679	7686	7694	7701
59	7709	7716	7723	7731	7738	7745	7752	7760	7767	7774
60	7782	7789	7796	7803	7810	7818	7825	7832	7839	7846
61	7853	7860	7868	7875	7882	7889	7896	7903	7910	7917
62	7924	7931	7938	7945	7952	7959	7966	7973	7980	7987
63	7993	8000	8007	8014	8021	8028	8035	8041	8048	8055
64	8062	8069	8075	8082	8089	8096	8102	8109	8116	8122
65	8129	8136	8142	8149	8156	8162	8169	8176	8182	8189
66	8195	8202	8209	8215	8222	8228	8235	8241	8248	8254
67	8261	8267	8274	8280	8287	8293	8299	8306	8312	8319
68	8325	8331	8338	8344	8354	8357	8363	8370	8376	8382
69	8388	8395	8401	8407	8414	8420	8426	8432	8439	8445
70	8451	8457	8463	8470	8476	8482	8488	8494	8500	8506
71	8513	8519	8525	8531	8537	8543	8549	8555	8561	8567
72	8573	5879	8585	8591	8597	8603	8609	8615	8621	8627
73	8633	8639	8645	8651	8657	8663	8669	8675	8681	8686
74	8692	8698	8704	8710	8716	8722	8727	8733	8739	8745
75	8751	8756	8765	8768	8774	8779	8785	8791	8797	8802
76	8808	8814	8820	8825	8831	8837	8842	8848	8854	8859
77	8865	8871	8876	8882	8887	8893	8899	8904	8920	8915
78	8921	8927	8932	8938	8943	8849	8954	8960	8965	8971
79	8976	8982	8987	8993	8998	9004	9009	9015	9020	9025
x	0	1	2	3	4	5	6	7	8	9

x	0	1	2	3	4	5	6	7	8	9
80	9031	9036	9042	9047	9053	9058	9063	9069	9074	9079
81	9085	9090	9096	9101	9106	9112	9117	9122	9128	9133
82	9138	9143	9149	9154	9159	9165	9170	9175	9180	9186
83	9191	9196	9201	9206	9215	9217	9222	9227	9232	9238
84	9243	9248	9253	9258	9263	9269	9274	9279	9284	9289
85	9294	9299	9304	9309	9315	9320	9325	9330	9335	9340
86	9345	9350	9355	9360	9365	9370	9375	9380	9382	9390
87	9395	9400	9405	9410	9415	9420	9425	9430	9435	9440
88	9445	9450	9455	9460	9465	9469	9474	9479	9484	9489
89	9494	9499	9504	9509	9513	6518	9523	9528	9533	9538
90	9542	9547	9552	9557	9562	9566	9571	9576	9581	9586
91	9590	9595	9600	9605	9609	9614	9619	9624	9628	9633
92	9638	9643	9647	9652	9657	9661	9666	9671	9675	9680
93	9685	9689	9694	9699	9703	9708	9713	9717	9722	9727
94	9731	9736	9741	9745	9750	9754	9759	9763	9768	9773
95	9777	9782	9786	9791	9795	9800	9805	9809	9814	9818
96	9823	9827	9832	9836	9841	9845	9850	9854	9859	9863
97	9868	9872	9877	9881	9886	9890	9894	9899	9903	9908
98	9912	9917	9921	9926	9930	9934	9939	9943	9948	9952
99	9956	9961	9965	9969	9974	9978	9983	9987	9991	9996
x	0	1	2	3	4	5	6	7	8	9

New Wun Ching Developmental Publishing Co., Ltd.

New Age · New Choice · The Best Selected Educational Publications — NEW WCDP